Wie wird das Wetter?

Vladimír Seifert

Wie wird das Wetter?

WELTBILD VERLAG

Wie wird das Wetter?

Text von Vladimír Seifert
Aus dem Tschechischen übertragen von Radoměr Wićaz
Mit 144 Fotos von I. Tichý, D. Slivka, L. Brchel, R. Vítek, O. Dlabola, J. Zelenka, Z. Feifar, J. Prokeš, ČTK und mit 60 Federzeichnungen von L. Cahynová und M. Váňa
Graphische Gestaltung von Dušan Slivka

Gesamtherstellung: Svoboda, Praha
ISBN 3-89350-221-1
3/07/15/52-02

GENEHMIGTE LIZENZAUSGABE FÜR WELTBILD VERLAG GMBH, AUGSBURG 1990

Inhalt

Der Einfluß des Wetters auf verschiedene Sphären des menschlichen Lebens

Sicherlich haben Sie schon vor Antritt einer größeren Reise ein gewisses Unbehagen verspürt, haben Sie solch ein merkwürdiges, undefinierbares Gefühl gehabt, vielleicht haben Sie auch unruhig geschlafen; kurz und gut, das Reisefieber hatte Sie gepackt. Eine Reise kann angenehm sein, zum Beispiel eine Urlaubsreise, oder anstregend, etwa eine Dienstreise. Reisen können wir zu Lande mit Straßenfahrzeugen oder der Eisenbahn, zu Wasser oder in der Luft (wir schließen vorerst Reisen zum Mond oder anderen Planeten aus). Ganz gleich auf welche Art und Weise wir reisen, stets wird das Wetter auf uns Einfluß haben.

Sie werden einwenden, daß Sie dank den Errungenschaften der Zivilisation gegen die Unbilden der Witterung gefeit sind, und Sie haben in gewissem Sinne Recht damit. Trotzdem muß man bei allen Verkehrsmitteln einkalkulieren, daß das Wetter Einfluß etwa auf deren Fortbewegung hat. Vergangen sind die Zeiten, wo der Kapitän eines Segelschiffes tage- und wochenlang im Hafen auf günstigen Wind wartete. Aber auch die modernen Schiffe des 20. Jahrhunderts, ausgestattet mit Radar oder Scheinwerfern, sind nicht vollkommen vom Wetter unabhängig. Stürme und Seegewitter können den Passagieren das Reisen gründlich verderben; ein schönes Schiff kann zu einem Gefängnis werden, wenn das Meer aufgewühlt und eine Einfahrt in den Hafen zu gefährlich ist.

In großen Transozean-Schiffen spüren wir in bequemen Schlaf- oder Speisesalons nichts vom Wetter. Aber die Küstengewässer werden auch von kleinen Ausflugsschiffen und Fischkuttern durchquert. Und die Einnahmen eines Fischers sind schon direkt vom Wetter abhängig. Es gibt Tage, wo die Markthallen in den Häfen keine frischen Fische geliefert bekommen, da ein Fischfang einem Spiel mit dem Leben gleichkäme. Sicherlich lassen wir diese Sorgen außer acht, wenn wir uns auf einer Schiffsreise das Abendbrot schmekken lassen und uns mit größter Selbstverständlichkeit der Besatzung anvertrauen, die uns sicher ans Reiseziel geleiten soll. Damit ein sicheres Reisen gewährleistet werden kann, darf auf dem Pult des Kapitäns die Wetterkarte nicht fehlen; sie enthält Informationen über Warm- und Kaltfronten, über Windgeschwindigkeit und -richtung in den verschiedenen Gebieten, über Sichtweiten und andere meteorologische Elemente. Außer der aktuellen Wetterlage müssen die Seeleute auch die Wettervorhersagen für die Gebiete kennen, die sie mit ihrem Schiff durchqueren wollen. Eine solche Vorhersage ist nicht einfach zu bewerkstelligen, denn das Seewetter ändert sich oft sehr schnell; Frontensysteme bewegen sich im allgemeinen schneller fort als Seefahrzeuge.

Im Luftverkehr ist die Situation ein wenig anders. Bei den heutigen Fluggeschwindigkeiten — oft liegen sie im Überschallbereich — fliegt man, wie es im Pilotenjargon heißt, „auf aktuelles Wetter", oder man benötigt nur eine kurzfristige Vorhersage für einige Stunden. Vor dem Start eines jeden Flugzeuges sucht dessen Besatzung das Büro mit der Bezeichnung METEO auf. Dort erhält sie von erfahrenen Meteorologen Auskunft über Temperatur, Bewölkung, möglichen Eisansatz, Turbulenz, Gewitmöglichen Eisansatz, Turbulenz, Gewittertätigkeit und Windverhältnisse auf der Flugroute und vor allem über die Wetterlage am Zielort. Schlechte Sicht, eine niedrige Wolkendecke oder

Die Bewölkung über dem Flugplatz ändert sich im Gegensatz zum Wetter sehr schnell. Die Flugzeuge allerdings, die in wenigen Minuten starten werden, erwarten Temperaturen unter Null, Turbulenzen und gegebenenfalls auch Gewitter oder Eisansatz sowie am Zielort Nebel.

Schnee könen eine Landung auf einem Flughafen vollkommen unmöglich machen.

Erst mit einer Besatzung, die auf die verschiedenen Wettererscheinungen vorbereitet ist, können wir uns über die Wolken begeben, können dort in einer Höhe von etwa 10 000 m die Zeitung lesen oder, bedient von reizenden Stewardessen, zu Mittag essen. Dabei denken wir im allgemeinen nicht daran, daß außerhalb des Flugzeuges strenger

Frost von etwa —50 °C herrscht oder ein Gegenwind mit Orkanwindstärke wehen kann, was die Besatzung beim Treibstoffverbrauch einkalkulieren muß. Die Wolken liegen meist unter uns. Nur manchmal, wenn eine Gewitterwolke sich besonders hoch aufgetürmt hat, durchquert unser Flugzeug deren Gipfel.

Funkleitsysteme, Radar, die Funkverbindung mit dem Tower auf dem Flughafen sowie die Ausstattung des Flugzeuges selbst halten die gefährlichen Einwirkungen des Wetters auf einem Minimum. Trotzdem ist der Mensch nirgendwo so eng mit dem Wetter verbunden wie im Flugwesen. Im Sportsegelflugzeug beispielsweise, in dem wir wie ein Vogel geräuschlos in der Luft schweben, hängt die Länge unseres Fluges von aufsteigenden Luftströmungen und der Ausbildung von Kumuluswolken ab. Das Sportsegelfliegen arbeitet regelrecht mit dem Wetter, und vom Wetter hängt auch die sportliche Leistung ab. Dies ist natürlich nicht die einzige Sportdisziplin, die auf günstige Witterungsbedingungen angewiesen ist. Auf günstigen Wind etwa warten auch Sportsegler und Anhänger des Windsurfings. In der Leichtathletik kann das Wetter eine regelgerechte Durchführung von Wettkämpfen gefährden, und ein Wolkenbruch über einem ausverkauften Fußballstadion ist sicherlich auch eine unangenehme Sache.

Auch Touristen sollten, bevor sie sich auf eine Bergtour begeben, den Wetterbericht gehört haben. Und erst recht Bergsteiger! Wenn sie auf einem Berggipfel von einem Gewitter überrascht werden, geht es oft genug um Leben und Tod.

Nicht schlecht wäre es, wenn man jederzeit eine süße Apfelsine direkt vom Baum pflücken könnte. Im sonnigen Italien oder Spanien ist das möglich; wenn man aber wie wir in nördlicheren Gegenden wohnt, wird man kaum in diesen Genuß kommen. Auf Apfelsinen oder andere Südfrüchte wollen wir aber nicht verzichten: So werden Bananen, Zitronen, Mandarinen und Apfelsinen dort, wo sie gedeihen und geerntet werden, in Kisten verpackt und in nördlichere Länder versandt. Die Früchte dürfen unterwegs nicht verderben oder erfrieren; auch hier ist die Wettervorhersage wichtig, wenn sie etwa aus Barcelona nach dem schwedischen Kiruna jenseits des nördlichen Polarkreises verfrachtet werden sollen.

Zum wichtigsten wetterabhängigen Gebiet menschlicher Tätigkeit, wo es um die Ernährung ganzer Völker geht, wird immer mehr die Landwirtschaft. Daß eine gute Ernte heranwächst und zur rechten Zeit unter Dach und Fach kommt, war seit jeher die Hauptsorge des Bauern. Und das ist auch heute so, da die Zahl der Esser auf unserem Planeten zunimmt. In Zukunft müssen von den landwirtschaftlichen Nutzflächen immer höhere Erträge erwirtschaftet werden. Ob uns dies gelingt und ob die landwirtschaftlichen Nutzflächen die kommenden Generationen ernähren, wird auch vom Wetter abhängen, davon, wie wir uns auf das Wetter einstellen bzw. wie wir es beeinflussen können, wie wir es verstehen werden, geeignete Pflanzen und Standorte bezüglich langfristiger klimatischer Faktoren und langfristiger Wettervorhersagen über eine oder mehrere Jahreszeiten zu wählen.

Gefährliche Wettererscheinungen

„Morgens heiter, im Tagesverlauf aufkommende Bewölkung, Tageshöchsttemperaturen 24 bis 27 °C, schwacher Wind aus unterschiedlichen Richtungen ..." In der gemäßigten Zone verheißt eine solche Prognose einen schönen Sommertag, der uns zu einem Ausflug in die Natur, am besten in die Nähe von Wasser, einlädt. Solch eine Vorhersage trifft meistens auch zu, denn die Entwicklung aus einer konstanten Wetterkonstellation, wo über einem umfangreichen Gebiet ein Hoch steht, abzuleiten, ist für einen Meteorologen einfacher, als außergewöhnliche Witterungserscheinungen vorherzusagen. Allerdings kann gerade die richtige Vorhersage eines außergewöhnlichen Wetters nicht nur die Einsparung von gewaltigen Mitteln, sondern auch die Rettung von Menschenleben bedeuten.

Auch eine heitere, sonnige Witterung kann gefährlich werden, wenn sie mit einem langfristigen Mangel an Feuchtigkeit verbunden ist. Gebiete, in denen ständig zu wenig Niederschläge fallen, gibt es auf der Erde viele. In einigen Gebieten jedoch kommt es zu Dürren mit ihren katastrophalen Folgen nur von Zeit zu Zeit.

Ein langfristiger Mangel an Niederschlägen kann als gefährliche und außergewöhnliche Witterungserscheinung angesehen werden. Katastrophale Folgen zeitigt allerdings meist auch ein Zuviel an Niederschlägen. Dazu kann es bei andauernden Monsunregen, aber auch bei durchaus gewöhnlichen Regen an einer gewellten Kaltfront oder bei heftigen Gewittergüssen und schließlich auch bei Tropengewittern, Hurrikanen, Zyklonen und Taifunen kommen. Viele zerstörerische Faktoren gehen damit einher: die Flut von Regenwasser und die dadurch über ihre Ufer getretenen Flüsse oder Bäche, orkanartige Stürme mit gewaltigen zerstörerischen Potenzen, Brandungswellen in Küstenregionen, Hagelschlag, durch Blitz verursachtes Feuer und Erdrutsche. Die Vorhersage solcher gefährlichen Erscheinungen sowie deren Intensität liegt im Mittelpunkt des Interesses der modernen Meteorologie. Die modernste Technik, vor allem Radar und künstliche Erdsatelliten, haben schon zu vielen Erfolgen verholfen. Den Nutzen, der dadurch entstand, daß katastrophale Schäden vermieden oder in Grenzen gehalten werden konnten, kann man nur schwer in Zahlen ausdrücken.

Dürren und Überschwemmungen kann man als die fundamentalen Wetterextreme betrachten, mit denen sich die Völker unseres Planeten auseinandersetzen müssen. Weitere gefährliche Wettererscheinungen sind z. B. starke Schneefälle, die dazu führen können, daß Züge oder Straßenfahrzeuge in Schneewehen steckenbleiben. Eisansatz an elektrischen Leitungen kann zu Stromunterbrechungen führen, und eine Wiederinstandsetzung der Leitungen erfordert meistens erheblichen Aufwand. In Gebirgsgegenden entsteht vor allem bei Tauwetter akute Lawinengefahr, die ebenfalls zu großen materiellen Schäden und Menschenopfern führen kann. Die Aufzählung gefährlicher Witterungserscheinungen würde unvollständig bleiben, erwähnten wir nicht langanhaltende strenge Fröste oder leichte Fröste während der Vegetationszeit, die eine heranwachsende Obsternte vernichten können.

In industriellen Ballungsgebieten kön-

nen wir zu den gefährlichen Erscheinungen auch die sogenannte Inversion, verbunden mit niedriger Bewölkung, rechnen, wodurch ein Luftaustausch verhindert wird. Der Schadstoffgehalt in der Luft steigt dabei dermaßen an, daß er die Gesundheit und in Extremfällen auch das Leben von Menschen gefährdet. Diese gefährliche Wetterkonstellation zu beeinflussen und die Gefahr zu verringern liegt mehr im Bereich des Machbaren, als beispielsweise Regen künstlich hervozurufen.

Im Winter Schwimmen auf Hochwasser führenden Flüssen mitunter Eisschollen. Neben gefährlichen Überschwemmungen kommt es noch zu Beschädigungen an Brückenpfeilern, an Schiffen und an Verkehrsverbindungen in Flußnähe.

Der Einfluß des Wetters auf den Gesundheitszustand des Menschen und sein allgemeines Wohlbefinden

Ein gebrochener Fuß beim Sturz auf einem vereisten Gehsteig oder eine Erkältung, Schnupfen und Grippe sind Gesundheitsschädigungen, die wir auf das Wetter schieben können; trotzdem trifft uns aber die größere Schuld, denn wir haben uns nicht dem Wetter entsprechend gekleidet, oder der Gehsteig war nicht zur rechten Zeit gestreut worden.

Auch in der Gegenwart gibt es noch viele Fälle, in denen das Wetter unserer Gesundheit schadet oder sogar unser Leben gefährdet. Beispiele wären Verkehrsunfälle infolge von Nebel oder schlüpfrigen Fahrbahnen, Flugzeugunglücke und Schiffskenterungen bei Gewittern, Opfer von Lawinen, Blitzschlag, Sturm oder Hochwasser. Unübersehbar sind die Schäden und Menschenopfer infolge von Hurrikanen, Zyklonen, Taifunen oder Tornados. Langfristige Folgen von Hochwasser sind wiederum in der Regel Epidemien, Versorgungsschwierigkeiten u. ä. Aber auch bei Niederschlagsmangel kann man einen witterungsbedingten Einfluß auf den Gesundheitszustand des Menschen nicht ausschließen. Dürren gehen nämlich einher mit Mißernten, die zu Lebensmittelknappheit und ungenügender Ernährung der Menschen führen können.

Neben diesen direkten Einflüssen, wo den Wetterunbilden mitunter ganze Völker ausgesetzt sind, bereitet uns das Wetter noch zahlreiche kleine Sorgen. Es beeinflußt unser Wohlbefinden oder unsere Arbeitsleistung, indem es z. B. Gelenkschmerzen, Schmerzen in Operationsnarben, Kreuzschmerzen, Atembeschwerden, Kopfschmerzen bewirkt. Im Vergleich zu den offensichtlichen Wetterunbilden können diese Probleme unerheblich erscheinen. Kranke und insbesondere Ärzte wissen aber, daß der Einfluß des Wetters auf die Gesundheit beträchtlich ist und bei der Behandlung verschiedener Krankheiten auch berücksichtigt werden muß. Sogenannte bioklimatische Faktoren tragen zum Ausbruch einer Krankheit bei, können deren Verlauf verschlimmern, rufen sie aber nicht unmittelbar hervor. Sie werden dort wirksam, wo die Krankheit schon vorhanden ist oder wo für sie eine bestimmte Prädisposition besteht. Aus medizinischen Analysen entsprechender Statistiken geht hervor, daß es relevante Zusammenhänge zwischen der erhöhten Sterblichkeit infolge gewisser Krankheiten und den Witterungseinflüssen gibt.

Das vorliegende Buch beschäftigt sich mit den Wettererscheinungen in der Erdatmosphäre. Außerirdische Einflüsse (vor allem die Sonnenaktivität) lassen wir außer acht. Richten wir unser Augenmerk darauf, wie Änderungen des Wetters den menschlichen Gesundheitszustand beeinflussen. Aus bioklimatischen Untersuchungen geht hervor, daß gerade Änderungen, die durch erhöhte Zyklonalität und Frontalstörungen hervorgerufen werden, den Gesundheitszustand von Kranken verschlimmern. In anderen Fällen wirken sie auf den psychischen Zustand oder das Nervensystem des Kranken ein und haben ebenfalls eine Verschlimmerung der Krankheit zur Folge. Meteorotropismus, das heißt die Abhängigkeit einer Krankheit von Wetteränderungen, wurde bei vielen Krankheiten nachgewiesen. Das Wetter beeinflußt z. B. rheumatische Schmerzen, epileptische Anfälle, Bronchialasthma, Herzanfälle, Herzinfarkte, Allergien, akute Glaukome, den Durchbruch von Geschwüren, Gallen- und Nierenkoliken und auch die Selbstmordrate. Eine Warmfront kompliziert Entzündungen im Organismus, eine Kaltfront wirkt auf spastische Zustände. Einige Ärzte behaupten, daß fast 90 % aller Infarkte in den Stunden entstehen, wo sich das Wetter ändert.

Eine atmosphärische Front bewirkt die Veränderungen einer ganzen Reihe meteorologischer Elemente, wie Luftdruck, Temperatur, Luftfeuchtigkeit, Windrichtung und -geschwindigkeit und damit den Austausch von Luftmassen. Welche Änderung oder Erscheinung in erster Linie zur Entstehung von Kopfschmerzen oder anderen ernsthafteren Beschwerden führt, ist bei den Fachleuten umstritten. Einige behaupten, daß dies die Änderung des Luftdrucks ist, andere wiederum sind der Meinung, der Hauptfaktor ist der Warmwind, vor allem der Föhn. In letzter Zeit vertreten Ärzte zunehmend eine neue Ansicht, wonach dieser Hauptfaktor der Austausch von Luftmassen mit einer damit verbundenen Änderung der atmosphärischen elektrischen Ladung ist. Die Tatsache, daß Wetterfronten den Gesundheitszustand von Menschen verschlimmern, ist jedenfalls unbestreitbar. Es bietet sich so die Möglichkeit der Zusammenarbeit zwischen Meteorologen, Ärzten und Patienten an; die Massenmedien könnten auch entsprechende Warnungen an die Patienten ausstrahlen. Unzureichend sind aber bislang die Möglichkeiten der Meteorologie, insbesondere was die genaue zeitliche Vorhersage des Durchgangs von Fronten und die damit verbundenen qualitativen Änderungen in den einzelnen Luftmassen anbelangt. Die Forschungen auf diesem Gebiet stecken noch in den Kinderschuhen.

Grundlegende meteorologische Begriffe und Abhängigkeiten

Temperaturmessung

Wenn wir im Wetterbericht erfahren, daß die Tageshöchsttemperaturen bei einer südwestlichen Strömung 20 °C (beziehungsweise 68 °F) erreichen, heißt das für uns z. B., daß es warm genug sein wird, um aus dem Haus ohne Mantel gehen zu können; aber keinesfalls denken wir weiter darüber nach, was Temperatur eigentlich ist.

Von einem Gegenstand behaupten wir, er sei kalt, von einem anderen wiederum, er sei warm, je nachdem, wie er uns erscheint, wenn wir ihn berühren. Die Temperatur eines Körpers können wir als seine Eigenschaft und Fähigkeit, Wärme aufzunehmen oder weiterzuleiten, auffassen. Auch die uns umgebende Luft hat diese Eigenschaft. Von kalter Luft spricht der Meteorologe meist dann, wenn uns diese Luft eine Abkühlung aus höheren geographischen (in Europa nördlicheren)Breiten bringt, von warmer Luft im umgekehrten Fall. Die Lufttemperatur ist also ein relativer Begriff. Luft mit einer Temperatur von + 20 °C kann einmal als warm, ein andermal als kalt angesehen werden, oder

Schematische Darstellung der Temperaturskalen nach Fahrenheit (links) und Celsius (rechts)

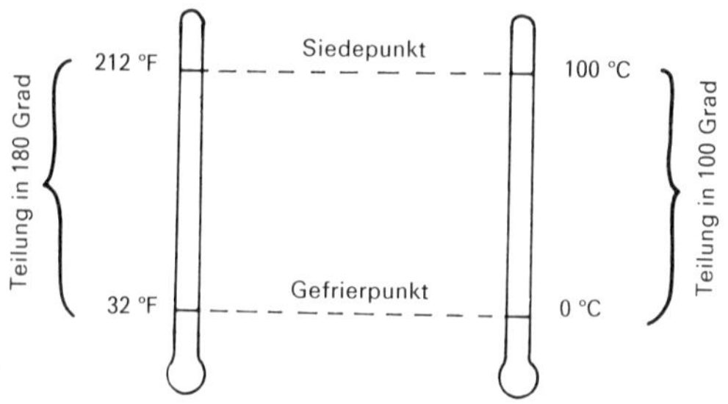

Luft mit einer Temperatur von —5 °C kann in einem Fall als kalt und in einem anderen Fall als warm gelten.

Zur genauen Feststellung der Temperatur verwenden wir in der Meteorologie verschiedene Thermometer, die die physikalischen Prinzipien der Volumenänderung von festen, flüssigen oder gasförmigen Stoffen bzw. der Änderung des elektrischen Widerstandes in Abhängigkeit von den Temperaturänderungen ausnutzen. Eine Temperaturmessung ist im allgemeinen durchaus komplizierter als zum Beispiel eine Längenmessung. In der Vergangenheit waren im Zusammenhang mit der Temperaturmessung auch vielerlei Probleme zu lösen. Gemäß internationaler Konvention gehen wir bei der Temperaturmessung von zwei Fixpunkten aus, und zwar vom Gefrierpunkt und Siedepunkt des Wassers; diese Fixpunkte umspannen einen Temperaturbereich. Der Eispunkt bzw. Gefrier- oder Schmelzpunkt ist definiert als diejenige Temperatur, bei der reines Eis bei einem Luftdruck von 1013,250 hPa (Hektopascal) schmilzt. Der Siedepunkt ist die Temperatur, bei der reines Wasser bei gleichem Luftdruck siedet. In der Celsius-Skala wird der Gefrierpunkt mit 0 °C, der Siedepunkt mit 100 °C bezeichnet. In der Fahrenheit-Skala wird der Gefrierpunkt mit +32 °F und der Siedepunkt mit +212 °F bezeichnet. Das heißt also, daß 100 °C 212 °F entsprechen und 0 °C 32 °F, oder eine Einteilung in 180 °F entspricht einer Einteilung in 100 °C. Da $\frac{180}{100} = \frac{9}{5}$, erhalten wir °F aus °C und umgekehrt gemäß folgenden Formeln: $F = \frac{9}{5} C + 32$ bzw. $C = \frac{5}{9} (F - 32)$; F ist die Temperaturangabe in °F, C in °C.

Luftdruckmessung

Das Gefühl der Wärme oder Kälte ist gewissermaßen subjektiv, aber eine Temperaturänderung kann der menschliche Organismus leichter wahrnehmen als eine Luftdruckänderung. Aus der Physik ist bekannt, daß der Druck als die Kraft, die auf eine Flächeneinheit wirkt, definiert ist. Die uns umgebende Luft ist ein Gemisch aus Molekülen und Atomen verschiedener Gase, vor allem von Stickstoff und Sauerstoff. Diese Moleküle und Atome bewegen sich mit großer Geschwindigkeit in alle Richtungen und bewirken so einen Druck auf jede, beliebig orientierte Fläche. Den auf die Erdoberfläche wirkenden Luftdruck können wir uns als Gewicht der Luftsäule vorstellen, die von der Erdoberfläche bis in die oberen Schichten der Atmosphäre reicht.

Mit dem Gedanken, wie man den Luftdruck messen könnte, beschäftigte sich bereits im Jahre 1643 der italienische Physiker Torricelli. Für seinen Versuch verwandte er eine etwa 80 cm lange Glasröhre, die an einem Ende geschlossen war. Er füllte sie mit Quecksilber und tauchte sie mit dem offenen Ende in ein ebenfalls mit Quecksilber gefülltes Gefäß. Der Quecksilberspiegel in der Röhre fiel zwar, das Quecksilber floß aber nicht aus. Dieses Verhalten erklärte Torricelli mit der Wirkung des Luftdruckes auf den Quecksilberspiegel im Gefäß.

Es wurde festgestellt, daß die Atmosphäre auf 1 m^2 Erdoberfläche mit der Kraft von ungefähr 10^5 N (Newton) wirkt. Die entsprechende Druckeinheit wurde früher Bar genannt. Da sie zum Ausdruck von Luftdruckänderungen in der Meteorologie zu groß war, verwandte man die Einheit Millibar (mbar, früher mb), die 1000mal kleiner ist. Anstatt von Millibar benutzt man heute die Einheit Hektopascal (hPa). Bei Standardbedingungen, d. h. bei 0 °C und einer Erdbeschleunigung von 9,80665 m/s, wirkt folgender Luftdruck: 760 mm Hg-Säule ≙ 1013,250 hPa.

Das Prinzip der Luftdruckmessung ist heute im wesentlichen das gleiche wie zu Torricellis Zeiten. Ein gewöhnliches Stationsbarometer besteht in seinem unteren Teil aus einem Gefäß mit Quecksilber, in das das Barometerrohr taucht. Es wird von einem zylinderförmigen Messingfutteral geschützt, an dessen oberem Ende sich ein Ring zur Aufhängung befindet, der gleichzeitig das Rohr hält. Da Druckwerte nur im oberen Teil des Rohres abzulesen sind, hat das Futteral dort einen länglichen Ausschnitt. An der Flanke des Ausschnitts befindet sich die Skaleneinteilung. Zur Ermittlung des Quecksilberspiegels wird im Ausschnitt mittels einer Vorrichtung eine kleine Zusatzskala, ein sogenannter Nonius, bewegt. Da zur genauen Bestimmung des Luftdruckes die Temperatur am jeweiligen Ort zu berücksichtigen ist, befindet sich am Messinggehäuse ein Thermometer. Das Barometer wird an einem Ort aufgehängt, wo sich die Temperatur nur langsam ändert und wo es vor direkter Sonneneinstrahlung oder Wärmestrahlung geschützt ist.

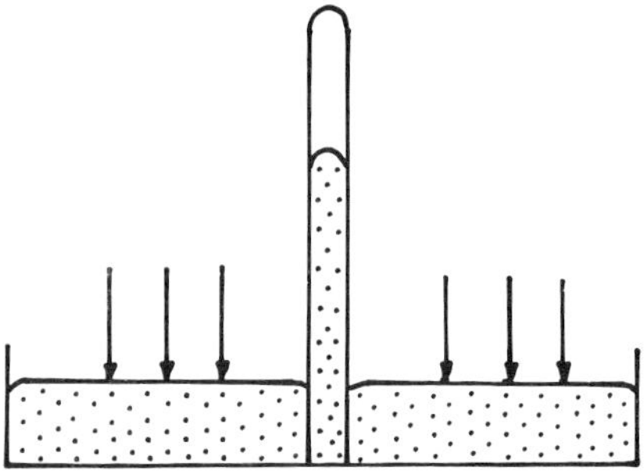

Das Prinzip des Torricellischen Versuchs zur Messung des Luftdruckes

Der Druckgradient und der Gradientwind

Wenn wir uns den Luftdruck als die Masse einer Luftsäule vergegenwärtigen, die von der Erdoberfläche bis zur oberen Grenze der Atmosphäre reicht, wird uns sofort klar, daß zum Beispiel im 80. Geschoß eines New-Yorker Wolkenkratzers der Luftdruck geringer ist als im Erdgeschoß. Analog ermitteln wir in Tälern höhere Luftdruckwerte als auf Berggipfeln. Selbst wenn wir den Luftdruck jeweils auf gleichem Niveau (etwa der Höhe des Meeresspiegels) messen, erhalten wir an verschiedenen Orten verschiedene Werte. Der Luftdruck ist nicht nur von der Höhenlage über dem Meeresspiegel, sondern auch von der geographischen Lage abhängig. Die ungleichmäßige horizontale Luftdruckverteilung hängt mit der ungleichmäßigen Lufttemperaturverteilung zusammen. Temperaturänderungen rufen nämlich allmähliche Luftdruckänderungen hervor.

Um die an verschiedenen Orten der Erdoberfläche gemessenen Luftdruckwerte vergleichen zu können, werden sie auf ein einheitliches Niveau, die Höhe des Meeresspiegels (Normalnull, NN) umgerechnet. Erst dann können wir beispielsweise feststellen, wie sich der Luftdruck etwa in München von dem im norwegischen Bergen unterscheidet. Dieser Unterschied wird je nach Wetterlage unterschiedlich groß sein. Es kann natürlich auch vorkommen, daß der Luftdruck an beiden Orten gleich ist. Verbinden wir auf der (Boden-)Wetterkarte alle Orte mit gleichem Luftdruck miteinander, erhalten wir Linien gleichen Luftdrucks (umgerechnet auf NN), die sogenannten Isobaren.

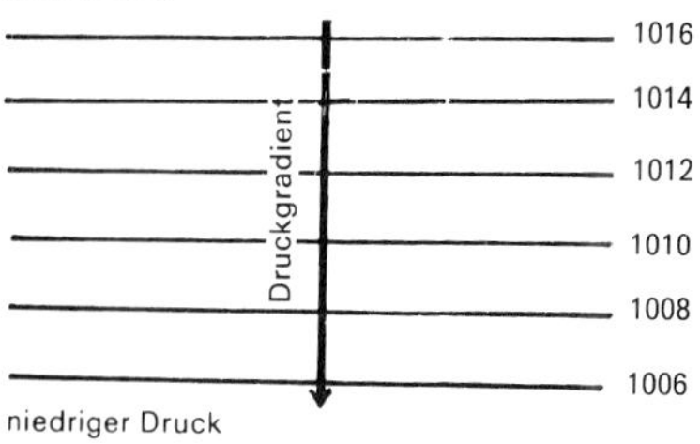

Der ideale parallele Verlauf von Isobaren bei gleichmäßiger Luftdruckverteilung

Die Entfernung der Isobaren voneinander ist an verschiedenen Stellen unterschiedlich groß. Mancherorts liegen sie dicht beieinander, so spiegelt sich eine große horizontale Druckänderung wider, andernorts liegen die Isobaren weniger dicht beieinander. Die horizontale Druckänderung in Richtung senkrecht zu den Isobaren und vom höheren zum niedrigeren Druck hin nennen wir Druckgradient. Je größer der Druckgradient ist, desto schneller ist die Luftbewegung. Man könnte erwarten, daß die Bewegung der Luftteilchen ähnlich vonstatten geht wie z. B. beim Wasser auf der Erdoberfläche: geradewegs von Orten höheren Drucks zu Orten niedrigeren Drucks. Außer der Kraft des Druckgradienten wirkt auf die Luftteilchen noch die Reibungskraft, die durch die Berührung der Luft mit der Erdoberfläche entsteht; aber diese lassen wir zunächst außer acht. Außer dem Druckgradienten müssen wir noch die ablenkende Kraft, die sich aus der Erdrotation ergibt, die sogenannte Corioliskraft (nach ihrem Entdecker, dem französischen Physiker Coriolis benannt) berücksichtigen. Sie ist nur eine Scheinkraft. Der Coriolis-Effekt entsteht bei der Bewegung eines Luftteilchens relativ zur rotierenden Erde. Die Corioliskraft ist proportional zur Geschwindig-

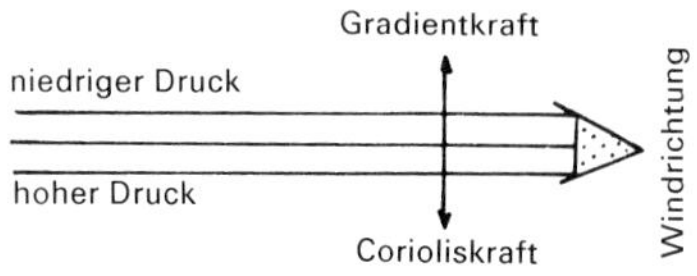

Darstellung des geostrophischen Windes auf der Nordhalbkugel

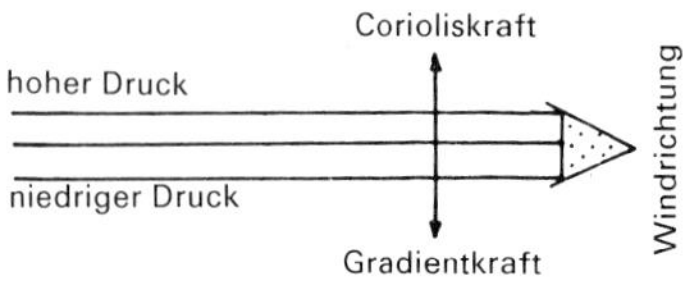

Darstellung des geostrophischen Windes auf der Südhalbkugel

keit des sich bewegenden Luftteilchens, wirkt stets senkrecht zur Bewegungsrichtung, und zwar auf der Nordhalbkugel nach rechts und auf der Südhalbkugel nach links. Sie ist von der geographischen Breite abhängig, an den Polen ist sie am größten, am Äquator ist sie gleich Null. Wenn wir nur die Kraft aus dem Druckgradienten und die Corioliskraft berücksichtigen und voraussetzen, daß beide sich gegenseitig aufheben, werden sich die schon bewegten Luftteilchen geradlinig und unbeschleunigt (mit konstanter Geschwindigkeit) in Richtung der Isobaren fortbewegen (geostrophischer Wind).

Wenn die Geschwindigkeit eines Luftteilchens zunimmt, wächst auch die Corioliskraft und befindet sich nicht mehr im Gleichgewicht mit der Kraft des Druckgradienten. Ist die Geschwindigkeit des Teilchens so gering, daß die entsprechende Corioliskraft kleiner ist als die Kraft des Druckgradienten, wird sich dieses Teilchen auf einer gekrümmten, nahezu kreisförmigen Bahn bewegen, und zwar auf der Nordhalbkugel entgegen dem Uhrzeigersinn und auf der Südhalbkugel im Uhrzeigersinn.

Bei gekrümmten Isobaren wirkt auf die Luftteilchen außerdem die Zentrifugalkraft. Es entsteht eine zyklonale Luftbewegung (auf der Nordhalbkugel entgegen dem Uhrzeigersinn), und wir sprechen vom zyklostrophischen Wind. Im umgekehrten Falle, wenn die Kraft des Druckgradienten, sukzessiv verstärkt durch die Zentrifugalkraft, kleiner ist als die Corioliskraft, kommt es zu einer antizyklonalen Bewegung. Der zyklostrophische Wind weht dann auf der Nordhalbkugel im Uhrzeigersinn und

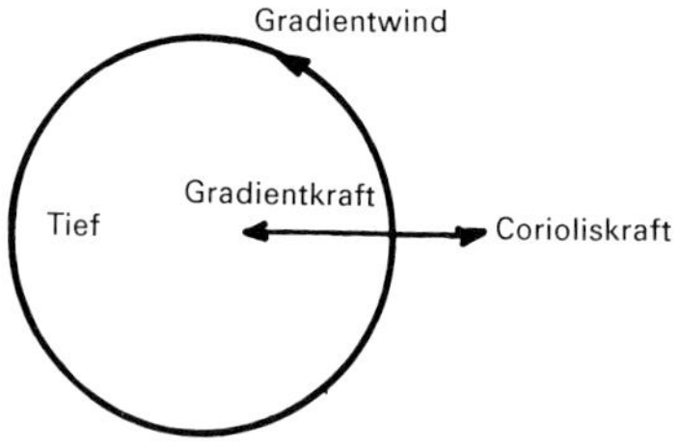

Der zyklostrophische Wind auf der Nordhalbkugel

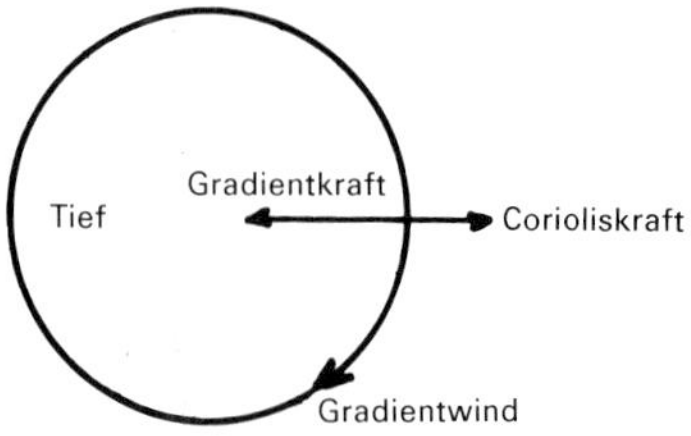

Der zyklostrophische Wind auf der Südhalbkugel

auf der Südhalbkugel entgegen dem Uhrzeigersinn. Den geostrophischen und zyklostrophischen Wind faßt man unter dem Begriff Gradientwind zusammen.

Der tatsächliche Wind unterscheidet sich noch vom Gradientwind, und zwar an der Erdoberfläche mehr als in den höheren Luftschichten. Das bewirkt die Reibungskraft, welche entsteht, wenn die bewegte Luft die Erdoberfläche berührt. Diese Kraft vermindert die Geschwindigkeit der Teilchen und damit die Corioliskraft. Die Luftteilchen bewegen sich nicht den Isobaren entlang, sondern kreuzen diese über dem Meeresspiegel unter einem Winkel von etwa 10° und über dem Festland unter einem Winkel von 30°. Der tatsächliche Wind dreht sich aber im Unterschied zum Gradientwind ein wenig zum Zentrum eines Tiefdruckgebiets hin oder vom Zentrum eines Hochdruckgebiets weg.

Stabilität und Labilität der vertikalen Schichtung in der Atmosphäre

Außer dem Wind, d.h. einer horizontalen Luftbewegung, gibt es in der uns umgebenden Atmosphäre noch auf- und absteigende Strömungen. Um zu verstehen, wie es in den unteren atmosphärischen Schichten zu vertikalen Bewegungen kommt, machen wir uns zunächst allgemein die Begriffe stabiles, labiles und indifferentes Gleichgewicht klar. Wir stellen uns eine konkave Halbkugel vor, auf deren Grund sich eine kleine Kugel befindet. Von dieser Kugel sagen wir, daß sie sich im stabilen Gleichgewicht befindet, denn wie auch immer wir sie innerhalb der Hohlkugel in Bewegung versetzen, stets wird sie in ihre ursprüngliche stabile Lage zurückkehren. Auf der konvexen Seite der Halbkugel kann sich die kleine Kugel nicht halten, sie befindet sich im labilen Gleichgewicht. Befindet sich eine Kugel auf einer ebenen, waagerechten Platte, sagen wir, die Kugel befindet sich im indifferenten Gleichgewicht. An diesen drei Arten des Gleichgewichts machen wir uns die vertikale Luftbewegung klar, zunächst unter der Voraussetzung, daß die Luft nicht mit Wasserdampf gesättigt ist, d. h., daß die relative Luftfeuchtigkeit weniger als 100 % beträgt.

1. Stabile Schichtung

Wir setzen auf der Erdoberfläche eine Temperatur von 30 °C voraus, in einer Höhe von 1 km über der Erdoberfläche 22 °C, in einer Höhe von 2 km 14 °C und in einer Höhe von 3 km 6 °C, d. h. ein

Stabiles Gleichgewicht

Labiles Gleichgewicht

Indifferentes Gleichgewicht

Temperaturgefälle von 8 °C pro 1 km. Stellen wir uns ein bestimmtes, gewissermaßen isoliertes Luftteilchen vor, das an der Erdoberfläche ebenfalls eine Temperatur von 30 °C besitzt, und transportieren es in eine Höhe von 1 km, ohne daß es zwischen ihm und der Umgebung zu einem Wärmeaustausch kommt. Für Gase gilt folgende Zustandsgleichung: pV = RT (wobei p der Luftdruck, V das spezifische Volumen des Luftteilchens, R die spezifische Gaskonstante und T die Temperatur bedeuten); das Luftteilchen kühlt sich also infolge der Druckabnahme ab. Erreicht die Temperatur des Teilchens in 1 km Höhe etwa 20 °C, also eine um 2 °C tiefere Temperatur als die der Umgebung, kehrt das Luftteilchen in diesem Falle (die Temperaturabnahme der Umgebung war geringer als die des Luftteilchens) in die ursprüngliche Lage an der Erdoberfläche zurück, und seine Temperatur steigt wieder auf 30 °C.

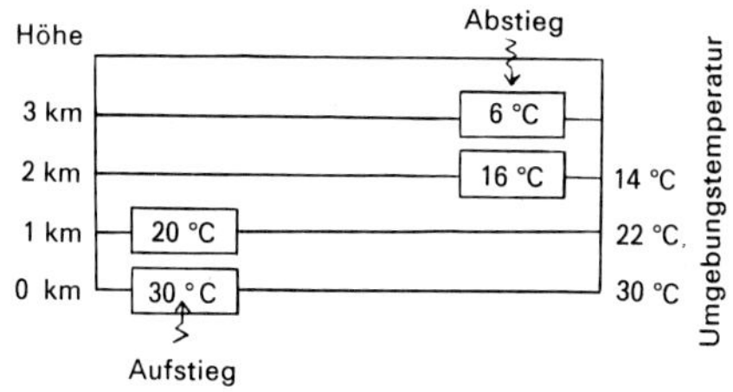

Stabile Schichtung der Atmosphäre

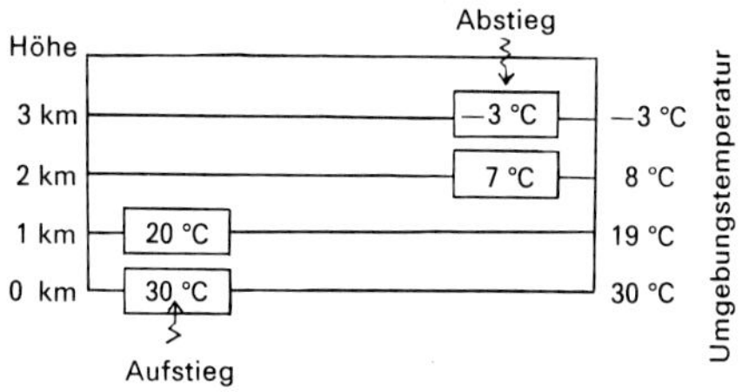

Labile Schichtung der Atmosphäre

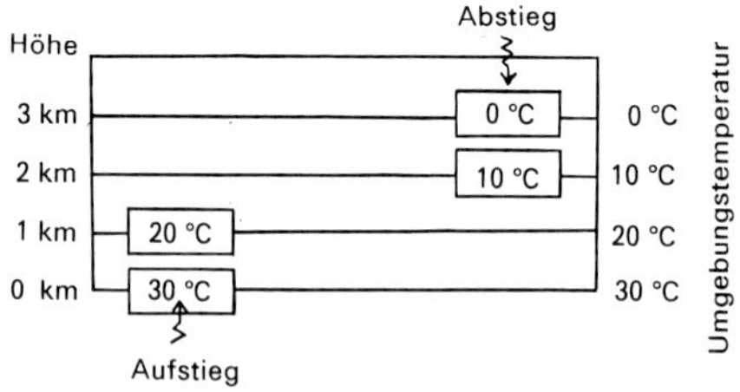

Indifferente Schichtung der Atmosphäre

2. Labile Schichtung

Setzen wir jetzt einmal voraus, daß in einer Luftschicht an der Erdoberfläche in einer Luftblase wiederum eine Temperatur von 30 °C herrscht, aber ein größeres Temperaturgefälle der umgebenden Luft mit steigender Höhe, und zwar von 11 °C/km. In 1 km Höhe wird so eine Temperatur von 19 °C, in 2 km Höhe von 8 °C und in 3 km Höhe von −3 °C herrschen. Wenn ein Luftteilchen der Temperatur von 30 °C in eine Höhe von 1 km aufsteigt, fällt seine Temperatur wiederum auf 20 °C, wird aber in diesem Falle um 1 °C wärmer sein als die der Umgebung. Es wird so auch leichter sein als seine Umgebung, wird fortfahren aufzusteigen und bildet so eine aufsteigende Luftströmung.

An einer anderen Stelle (im rechten Teil der mittleren Zeichnung fällt ein Luftteilchen mit einer Temperatur von −3 °C aus einer Höhe von 3 km auf ein Niveau von 2 km. Dort wird es um 11 °C kälter sein als die Umgebung, somit auch schwerer als die Umgebung und wird fortfahren abzusteigen und so eine absteigende Luftströmung bilden.

3. Indifferente Schichtung

Im Falle der indifferenten atmosphärischen Schichtung besitzen die Luftteilchen nach dem anfänglichen Auf- oder Abstieg die gleiche Temperatur wie die

Umgebung, und es bilden sich weder auf- noch absteigende Luftströmungen.

In allen drei Fällen sind wir von Luft ausgegangen, die nicht mit Wasserdampf gesättigt war. Ist die Luft gesättigt, d. h., beträgt die relative Luftfeuchtigkeit 100 %, enthält sie den höchstmöglichen Anteil von Wasserdampf, so daß die Bedingungen für das Entstehen von aufsteigenden und absteigenden Strömungen andere sind. Es kann auch eine sogenannte bedingte Labilität entstehen, die Schichtung ist dann für die ungesättigte Luft stabil und für die gesättigte Luft labil.

Die vertikale Luftbewegung ist für die Bildung der verschiedenen Wolkenarten wichtig; darauf kommen wir später zu sprechen. Die Bedingungen für die Entstehung aufsteigender Strömungen und somit von Wolken sind um so günstiger, je größer das vertikale Temperaturgefälle ist (d. h. je mehr die Luft in Erdnähe erwärmt ist) und je mehr Wasserdampf in der Luft enthalten ist.

Inversion

Bergfreunde, die sich im Herbst auf Tour begeben oder im Winter Ski laufen, kennen sicherlich den herrlichen Blick von hohen Gipfeln auf Täler, die völlig durch niedrige Bewölkung oder Nebel verhangen sind, woraus die benachbarten Gipfel, in gleisendes Sonnenlicht getaucht, wie Inseln aus einem Meer hervorragen. In den Höhenlagen ist es bei solch einem Wetter im allgemeinen sehr angenehm, oft können wir uns sogar sonnen; dagegen ist es in den Tallagen kühl. Das heißt also, daß die Lufttemperatur mit steigender Höhe zunimmt und nicht abnimmt. Solch einen umgekehrten Temperaturverlauf nennen wir Temperaturinversion oder Temperaturumkehr.

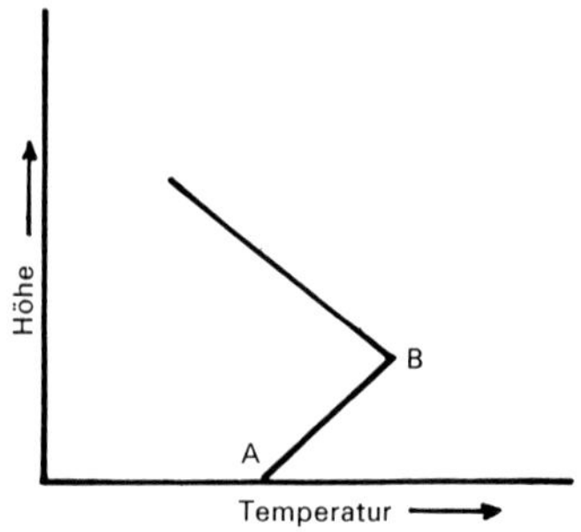

Die geknickte Linie stellt den Temperaturverlauf in Abhängigkeit von der Höhe dar. Zwischen den Punkten A und B steigt die Temperatur, wir sprechen von Inversion.

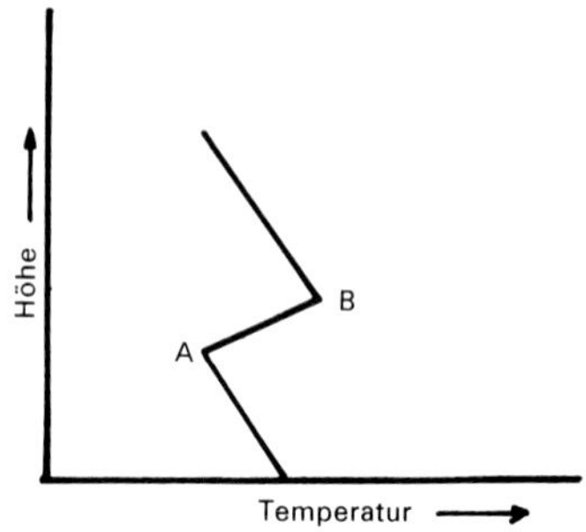

In diesem Fall entsteht die Inversion nicht am Boden, sondern infolge von auf- und absteigenden Luftströmungen in einer gewissen Höhe über dem Boden. Im Punkt A beginnt sie, im Punkt B hört sie auf.

Der Temperaturanstieg mit zunehmender Höhe kann beträchtlich sein. Aus den Alpen sind Fälle bekannt, wo in Tälern Frost bis zu —16 °C herrschte, in den Höhenlagen hingegen eine Temperatur von etwa 0 °C zu verzeichnen war. Ähnliche Temperaturunterschiede sind auch aus Böhmen zwischen der Elbniederung und den Grenzgebirgen bekannt. Im österreichischen Kärnten sagt man, wenn man im Winter eine Stiege höher steigt, ist es dort um einen Mantel wärmer. In einigen Gebieten treten Inversionen so häufig auf, daß sie das Klima der betreffenden Landschaft prägen und somit einen wichtigen Faktor für den Wohnungsbau und die Landwirtschaft, insbesondere den Obstanbau, darstellen.

Inversionen entstehen bei anhaltender Hochdruckwitterung, wenn der horizontale Luftaustausch unbedeutend ist. Wenn die Sonne im Herbst oder Winter die erdnahen Luftschichten nicht mehr genügend erwärmen kann, hält sich so die schwere, kältere Luft in den Niederungen und Tälern oft tage- oder wochenlang. Die Besonderheiten des Inversionswetters sind zwar für Touristen und Fotografen attraktiv, aber gleichzeitig bereiten sie ernsthafte Probleme, vor allem im Luftverkehr. Verbunden mit Nebel kann so eine herbstliche oder winterliche Inversion einen Flughafen für längere Zeit außer Betrieb setzen. Eine weitere Begleiterscheinung einer länger anhaltenden Inversion ist das Ansteigen des Schwefeldioxidgehalts und anderer Verunreinigungen in der Luft über Industriegebieten. Die Schicht der niedrigen Bewölkung verhindert eine Diffusion der Schadstoffe. Gerade deshalb veranlassen Inversionswetterlagen die Umweltschützer, mit Nachdruck die Lösung der Umweltprobleme zu fordern.

Ein Wolkenmeer als Begleiterscheinung der Inversion. Die Bewölkung entsteht durch Kondensation von Wasserdampf dort, wo warme und kalte Luft aufeinandertreffen. Unten im Tal befinden sich unter der Wolkendecke kalte Luftmassen, innerhalb deren die Temperatur mit steigender Höhe zunimmt. Die höchste Temperatur ist unmittelbar über der Wolkendecke festzustellen, dann nimmt die Temperatur mit steigender Höhe wiederum ab.

Neben häufigen, langanhaltenden Inversionen im Herbst oder Winter gibt es auch kurzzeitige Inversionen zur Nachtzeit, die oft zu Morgennebel in Tallagen und in der Nähe von Flüssen und anderen Wasserflächen führen und die im Tagesverlauf durch die Sonneneinstrahlung rasch verschwinden.

Sehr oft treten Inversionen in arktischen Gebieten auf. Sie werden durch die langanhaltende Sonneneinstrahlung während des Polartages hervorgerufen. Die höheren Luftschichten erwärmen sich beträchtlich, während die Schnee- und Eisdecke die bodennahen Luftschichten kühl hält. Eine Inversion ähnlichen Charakters können wir manchmal auch in den mittleren geographischen Breiten etwa Mitteleuropas im Winter oder Frühling nach dem Durchzug einer Warmfront beobachten. Auch in diesem Falle verursacht die Schneedecke die niedrigere Temperatur der bodennahen Luftschichten. Die höheren Luftschichten werden erwärmt, und nur allmählich kommt es zu einer Mischung mit den unteren Luftschichten; so verschwindet die Inversion oft erst, nachdem die Schneedecke geschmolzen ist.

Wolken mit vertikaler Entwicklung

In der Meteorologie unterscheiden wir zehn grundlegende Wolkenarten. Einige treten an Warmfronten, andere an Kaltfronten auf. Eine weitere Art von Wolken entsteht bei Schönwetter durch lokale aufsteigende Luftströmungen. Eine ungleichmäßige Erwärmung der Erdoberfläche infolge eines verschiedenartigen Untergrundes oder einer vertika-

Eine Wolke mit ausgeprägtem vertikalem Aufbau der Art Cumulus congestus.

Bei fortschreitendem vertikalem Wachstum entsteht eine Gewitterwolke.

len Gliederung des Terrains läßt örtliche aufsteigende Luftströmungen entstehen. Eben diese Wolken sind schon immer ein beliebtes Objekt von Malern gewesen. Auch die modernen Fotografen lassen es sich sicherlich gefallen, wenn solch eine schöne Wolke in ihrem Sucher auftaucht.

Wolkenfotos machen einen beträchtlichen Teil unseres Buches aus. Um die Wolken im Zusammenhang mit der Wetterentwicklung sehen zu lernen, machen wir uns zuerst die Entstehung von Gewitterwolken klar. Die uns umgebende Luft ist ein Gemisch mehrerer Gase. Unter ihnen spielt eine wichtige Rolle die anteilmäßig nur gering vertretene Verbindung von Wasserstoff und Sauerstoff, der Wasserdampf (H_2O); er stellt die Grundlage für die Wolkenbildung dar. Bei instabiler Schichtung steigen Luftteilchen auf und kühlen sich gleichzeitig ab. Früher oder später beginnt der in der Luft enthaltene Wasserdampf zu kondensieren, d. h. es entstehen winzige Wassertropfen. So entsteht die Wolkenart Cumulus (ihr Symbol: Cu), die im Anfangsstadium mit ihrer Gestalt einem Blumenkohl ähnelt. Diese Wolkenart entwickelt sich allmählich in horizontaler und vertikaler Richtung zum riesigen Cumulus congestus.

Bei großer Instabilität der Atmosphäre und hoher Luftfeuchtigkeit halten die aufsteigenden Luftströmungen an, so daß die Wolke eine Höhe von über 10 km, in den Tropen sogar bis zu 16 km, erreichen kann. Eine schöne, helle Wolke wird zu einer dunklen, regenträchti-

Wolken mit vertikalem Aufbau der Art Cumulus humilis. Sie entstehen bei schönem Sommerwetter. Sie zeichnen sich durch ihre typische horizontale Untergrenze aus.

gen Wolke. Die Wassertropfen in dem oberen Teil der Wolke verwandeln sich bei Temperaturen unter 0 °C in Eiskristalle, die beim Betrachten von weitem wie ein faseriger Schleier aussehen, der für eine Gewitterwolke, Cumulonimbus abgekürzt (Cb), typisch ist. Der Gipfel einer Gewitterwolke ist zuweilen langgezogen und erinnert mit seiner Gestalt an einen Amboß. Dieses Gebilde entsteht in einer Höhe, wo die aufsteigende Luftbewegung schon schwach ist und eine horizontale Strömung vorherrscht.

Gewitterwolken führen oft zu heftigen Regen- oder Schneeschauern, Gewittern und Hagelschlag. Diese Erscheinungen stehen außerdem meistens mit Kaltfronten im Zusammenhang. Davon wird weiter unten die Rede sein.

Eine Gewitterwolke mit ausgeprägten vertikalen Luftbewegungen; es kommt zu Niederschlägen. Im obersten Teil der Wolke ist die faserige Struktur dargestellt.

Die Bildung einer orographischen Wolke

An schönen Frühlings- und Sommertagen, wo wir uns an dem Überfluß wärmender Sonnenstrahlen erfreuen, wo die Sonne vom nahezu wolkenlosen Himmel scheint, können wir über entfernten Bergrücken dennoch Wolken beobachten. Es handelt sich um Haufenwolken, die sich tagsüber bilden und gegen Abend wieder verschwinden. Berge bilden für horizontale Luftströmungen ein natürliches Hindernis und zwingen so die Luft aufzusteigen. Dabei kühlt sich die Luft ab, allmählich kondensiert der in ihr enthaltene Wasserdampf, und es entsteht eine Wolke. Die Mächtigkeit einer so entstandenen Wolke hängt vom Wasserdampfgehalt in der Luft, vom Gesamtmaß der Instabilität der Schichtung in der Atmosphäre sowie von der Höhe und horizontalen Ausdehnung des Bergmassivs ab.

Zuweilen sehen wir in der Umgebung von Bergen nur niedrige Wolken, die den Gipfel verhüllen, zuweilen mächtige Wolken, die in vertikaler Richtung beträchtlich, bis zu einigen Kilometern Höhe, entwickelt sind. Solche Wolken können in den Bergen zu einer merklichen Wetterverschlechterung oder auch zu einem Gewitter führen. Im Tiefland, weit entfernt von den Bergen, kommt es dabei zu keinerlei Niederschlägen, und

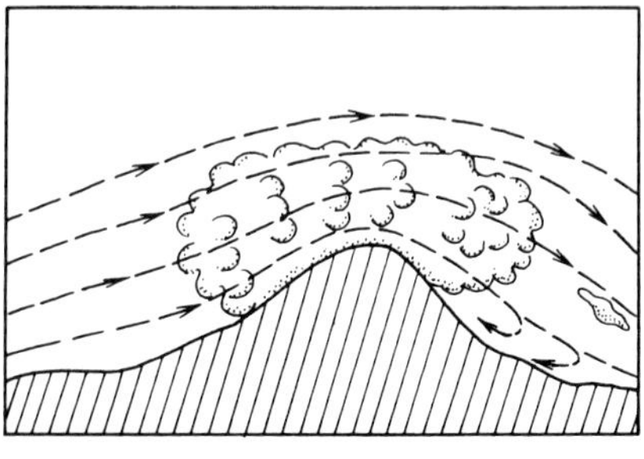

Bildung einer orographischen Wolke

es kann der schönste Sonnenschein herrschen.

Die orographische Wolke bildet sich an der Luvseite eines Bergrückens, wo es zur Kondensation des Wasserdampfes kommt. Auf der Leeseite fällt die Luft wieder herab, erwärmt sich, die entstandenen Wassertropfen verdampfen, und die Wolke löst sich auf. Auch sehr niedrige Berg- oder Hügelketten können aufsteigende Luftströmungen bewirken. In diesem Fall kondensiert der in der Luft enthaltene Wasserdampf erst über dem Gipfel des Berges, wo sich eine verhältnismäßig kleine Wolke, meistens linsenförmiger Gestalt, bildet.

Die Warmfront

Bislang haben wir festgestellt, daß eine unerläßliche Voraussetzung für die Wolkenbildung ein hinreichender Gehalt an Wasserdampf in der Luft und aufsteigende Luftbewegungen sind. Die aufsteigende Luft kühlt sich ab, der Wasserdampf kondensiert, und es entstehen winzige Wassertropfen bzw. Eiskristalle. Die Bildung orographischer oder anderer Haufenwolken hängt von den örtlichen Bedingungen ab. In den unteren Atmosphärenschichten entstehen auch ganze Wolkensysteme, die einen großen Teil des Festlandes oder der Weltmeere verhüllen. Diese Systeme entstehen bei langsamen absteigenden Luftbewegungen in Tiefdruckgebieten. Die mächtigsten Wolkengebilde dieses Typus entstehen an Kalt- oder Warmfronten.

Eine idealisierte Warmfront können wir uns als eine gewellte Fläche, die mit der Erdoberfläche einen sehr spitzen Winkel einschließt, vorstellen. In der Fachliteratur wird angeführt, daß die Neigung der Warmfrontfläche im allgemeinen 1 : 100 beträgt. Diese Fläche bewegt sich in Richtung der Luftströmung fort, wobei in den ursprünglich mit kalter Luft gefüllten Raum warme Luft eindringt. Somit entstehen aufsteigende Luftströmungen, der in der Luft enthaltene Wasserdampf kondensiert, und es entstehen Wolken. Die Neigung der Warmfrontfläche ist sehr gering, und

Vertikalschnitt durch eine Warmfront

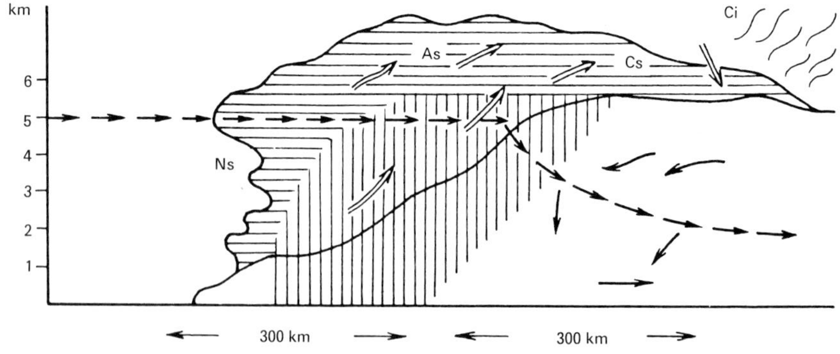

Hohe Wolken, vor allem der Art Cirrus, als Frühboten einer sich nähernden Warmfront

deshalb ist auch die aufsteigende Luftbewegung verhältnismäßig langsam. Es entstehen Schichtwolken (Stratus).

Eine Warmfront, wie wir sie von Wetterkarten kennen, stellt die Schnittlinie der Frontfläche mit der Erdoberfläche dar. Ihr Nahen, sie erwärmt auch bodennahe Luftschichten, wird schon etwa

Die vertikale Entwicklung von Haufenwolken wurde von einer sich nähernden Warmfront unterbrochen, die durch eine zusammenhängende Schicht einer hohen Wolke (Art Cirrostratus) angekündigt wird.

1000 km im voraus durch hoch gelegene Wolken vom Typ Cirrus (Ci), Cirrostratus (Cs) bzw. Cirrocumulus (Cc) angezeigt, die sich in Höhen von 6 bis 10 km über der Erdoberfläche bilden.

In Höhen von 2 bis 6 km über der Erdoberfläche können wir eine Schichtbewölkung vom Typ Altostratus (As) beobachten. Noch näher zur Bodenfront hin treten niedrige Wolken vom Typ Nimbostratus (Ns) bzw. Fetzen einer sehr niedrigen Bewölkung der Art Stratus fractus (St fra) auf.

Die Kaltfront

Auch eine Kaltfront können wir uns im Raum als eine gewellte Fläche oder Teil eines Ellipsoids vorstellen. Die Neigung der Kaltfrontfläche ist viel steiler als bei einer Warmfrontfläche. Beim Fortschreiten einer Kaltfront dringt Kaltluft in Räume ein, wo sich ursprünglich Warmluft befand, und verdrängt sie nach oben. Die aufsteigenden Strömungen sind lebhaft und verursachen eine rasche Kondensation des Wasserdampfes, der sich in Wassertropfen oder Eiskristalle verwandelt.

Zuweilen wird das Nahen einer Warmfront durch hohe Wolken mit großem zeitlichem Vorsprung signalisiert. Eine Kaltfront nähert sich jedoch oft sehr schnell und unerwartet. Am Himmel erscheinen kleine Haufenwolken, die mit der sich nähernden Front allmählich von Gewitterwolken des Typs Cumulonimbus (Cb) abgelöst werden. Die aufsteigenden Strömungen in einer solchen Frontalwolke sind um so ausgeprägter, je größer der Temperaturunterschied zwischen der Kalt-und Warmluft und je feuchter die Luft ist.

Die durch Kondensation entstandenen Wassertröpfchen vereinigen sich durch rasche Aufwärtsbewegungen zu großen Tropfen, was zu heftigen Regengüssen führt. Wenn die aufsteigende Luft die Wassertropfen in Höhen hinaufträgt, wo Temperaturen unter 0 °C herrschen, entsteht Hagel. In der wärmeren Jahreshälfte (aber ausnahmsweise auch im Winter) treten an Kaltfronten oft Gewitter auf. Nach dem Durchzug der Kaltfront klärt es sich meistens auf, und das Wetter wird schöner. Typische Wolken der Kaltfront sind Cumuli (Cu) und Altocumuli (Ac).

Vertikalschnitt durch eine Kaltfront

Die Okklusionsfront

Im Wetterbericht taucht oft auch der Begriff Okklusionsfront auf. Diese Front entsteht durch Vereinigung einer Kalt- mit einer Warmfront. Aus der synoptischen meteorologischen Praxis ist bekannt, daß eine Kaltfront sich rascher fortbewegt als eine Warmfront. Daraus folgt, daß eine Kaltfront früher oder später eine Warmfront einholt, und wenn sie sich vereinigen, sprechen wir von einer Okklusionsfront. Bei der Okklusion verschwindet die warme Luft aus der bodennahen Schicht, da die kalte Luft sie nach oben verdrängt. Ist die Luft hinter der Kaltfront kälter als die Luft vor der Warmfront, sprechen wir von einer Kaltfrontokklusion. Ist die Luft vor der Warmfront kälter als die Luft hinter der Kaltfront, sprechen wir von einer Warmfrontokklusion. Die Bewölkung vor einer Okklusionsfront ist vom gleichen Typ wie die Bewölkung einer Warmfront, die Bewölkung hinter ihr wie die einer Kaltfront.

Eine Warmfrontokklusion unterscheidet sich von einer Kaltfrontokklusion durch die Ausdehnung des Niederschlagsgebiets. Bei einer Warmfrontokklusion treten anhaltende Niederschläge vor allem vor der Front auf, während bei einer Kaltfrontokklusion das Niederschlagsgebiet bis hinter die Front reicht. Dies wird durch den Aufstieg der Warmluft entlang der Kaltfrontfläche bewirkt.

In Westeuropa treten Warmfrontokklusionen gewöhnlich im Winter auf, im Sommer dagegen Kaltfrontokklusionen. Eine Okklusion stellt die Schlußphase in der Entwicklung eines Frontensystems dar. Die Ausprägung der Wettererscheinungen wird allmählich geringer, und das mit der Okklusion zusammenhängende Tiefdruckgebiet beginnt zu zerfallen.

Wolken der Art Altocumulus treten oft in Verbindung mit einer Okklusionsfront auf.

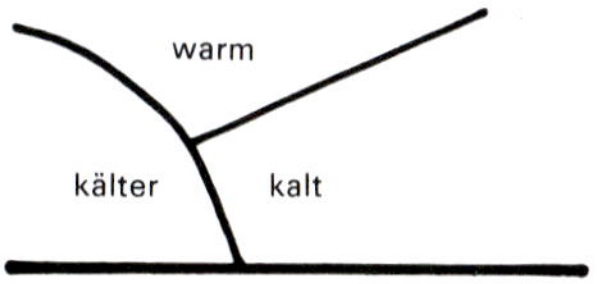

Kaltfrontokklusion

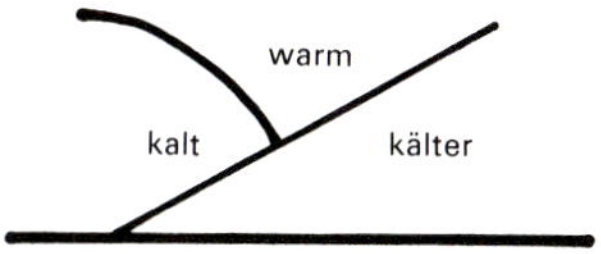

Warmfrontokklusion

Entwicklung und Auflösung einer Zyklone

Von der norwegischen Stadt Bergen, die an der Atlantikküste liegt, wird manchmal gesagt, daß es dort 365 Tage im Jahr regnet. Die jährliche Niederschlagsmenge ist dort in der Tat sehr groß. Die Ursache ist nicht nur der direkte Einfluß des Atlantischen Ozeans, sondern auch die Tatsache, daß vor allem in diesen geographischen Breiten die von Norden strömende Kaltluft mit der von Süden kommenden Warmluft zusammentrifft. Überall dort, wo es zu einem ausgeprägten Temperaturkontrast zwischen Kalt- und Warmluft kommt, entstehen Voraussetzungen für die Bildung von Fronten.

Das Entstehen einer Front ist ein komplizierter Prozeß, der nicht nur in horizontaler, sondern auch in vertikaler

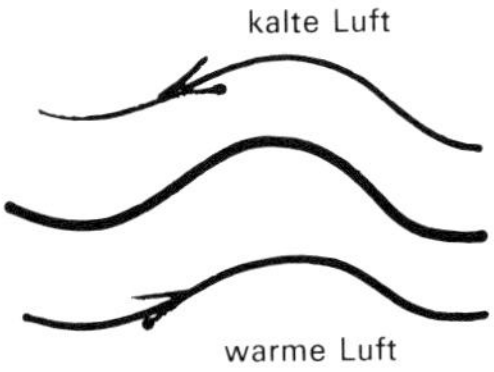

Anfangsstadium der Entwicklung einer Zyklone auf der Nordhalbkugel

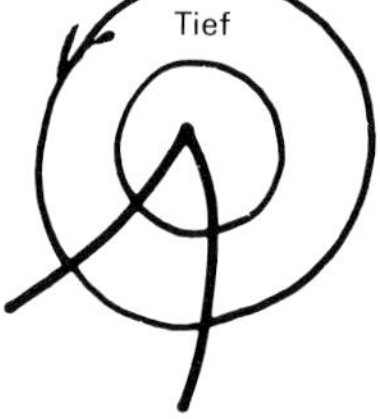

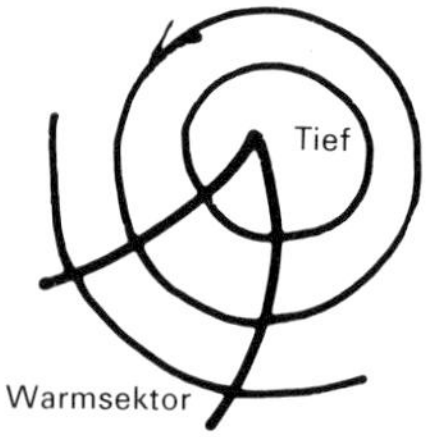

Eine Zyklone im fortgeschrittenen Entwicklungsstadium mit einer Kalt- und Warmfront

Eine sich abschwächende Zyklone mit einer Okklusionsfront in der Nähe des Zyklonenkerns

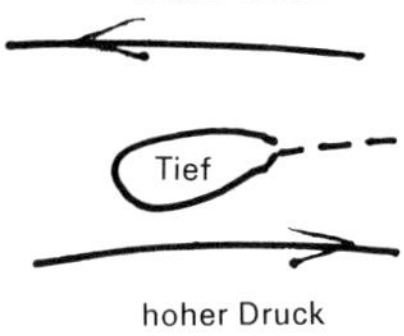

Auflösung einer Zyklone (eine absterbende Zyklone)

Starke Bewölkung einer Tiefdruckrinne

Richtung verläuft. Zur Vereinfachung betrachten wir nur eine horizontale Ebene. Die Scheidelinie zwischen der Kalt- und Warmluft können wir uns als eine Gerade oder Kurve vorstellen, die sich oft aus bisher unbekannten Gründen zu deformieren beginnt. Diese Anfangsdeformation bildet die Grundlage einer Zyklone (eines Tiefdruckgebiets) und eines Frontensystems. Das Frontensystem entwickelt sich allmählich und löst sich schließlich auf. Die Luftströmungen verlaufen den Isobaren entlang, auf der Nordhalbkugel gegen den Uhrzeigersinn, auf der Südhalbkugel im Uhrzeigersinn.

Die Tiefdruckrinne

Wenn im Wetterbericht vom Tief und von Frontensystemen die Rede ist, verschlechtert sich im allgemeinen das Wetter, es kommt zu atmosphärischen Niederschlägen. Ein Tief ist ein ausgedehnter Luftwirbel, wobei der niedrigste Luftdruck im Zentrum des Wirbels herrscht. Die Gestalt eines neu entstandenen Tiefs ist meistens fast kreisför-

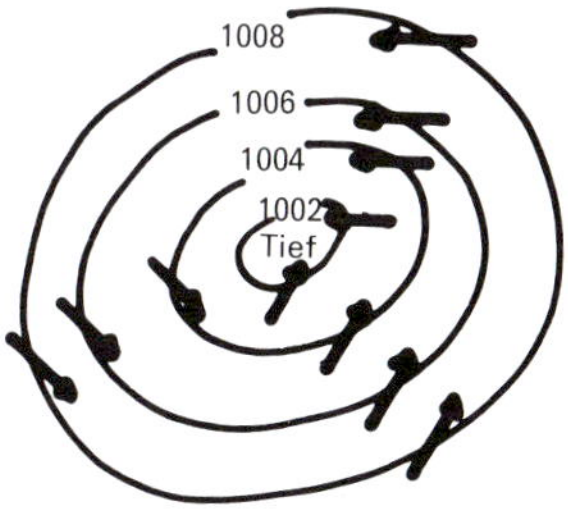

Symmetrisches Tiefdruckgebiet auf der Nordhalbkugel

mig, im Laufe seiner Entwicklung kommt es zu verschiedenen Deformationen. Auf der Bodenwetterkarte ist dies an der veränderten Isobarengestalt (Isobaren sind Linien, die Orte gleichen Luftdrucks miteinander verbinden) zu erkennen. Seitliche Ausbuchtungen der Tiefdruckgebiete heißen Tiefdruckrinnen.

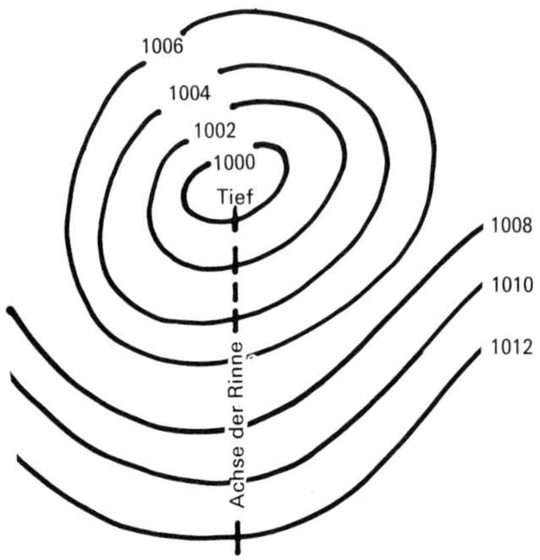

Tiefdruckrinne

Hochdruckgebiete und Hochdruckrücken

Tiefdruckgebiete sowie Tiefdruckrinnen sind gewöhnlich mit schlechtem Wetter, wie starker Bewölkung, Niederschlägen als Regen oder Schnee, bzw. mit Gewittern und zunehmenden Windstärken verbunden. Schönwetter hingegen herrscht im allgemeinen in Hochdruckgebieten. Für das europäische Wetter sind insbesondere Hochdruckgebiete (auch Antizyklonen genannt) über den Azoren (Azorenhochs) ausschlaggebend.

Die Gestalt von Hochdruckgebieten, wie sie auf der Bodenwetterkarte mittels Isobaren dargestellt wird, pflegt kreisförmig oder elliptisch zu sein. Der höchste Luftdruck, unter den europäischen klimatischen Bedingungen bewegt er sich um 1040 hPa, herrscht im Zentrum des Hochs. Die Luftströmung um das Hoch verläuft auf der Nordhalbkugel im Uhrzeigersinn, auf der Südhalbkugel entgegen dem Uhrzeigersinn. Ist das Hochdruckgebiet länglich, sprechen wir von einem Hochdruckrücken bzw. -keil.

Hochdruck- und Tiefdruckgebiete sowie Hochdruckrücken und Tiefdruckrinnen sind die häufigsten Druckgebilde auf einer Wetterkarte. Die Luftdrucksituation ändert sich laufend, so ändern sich ständig auch die Formen dieser grundlegenden Luftdruckgebilde, und die Isobaren können vielfältige, manchmal kuriose Formen annehmen.

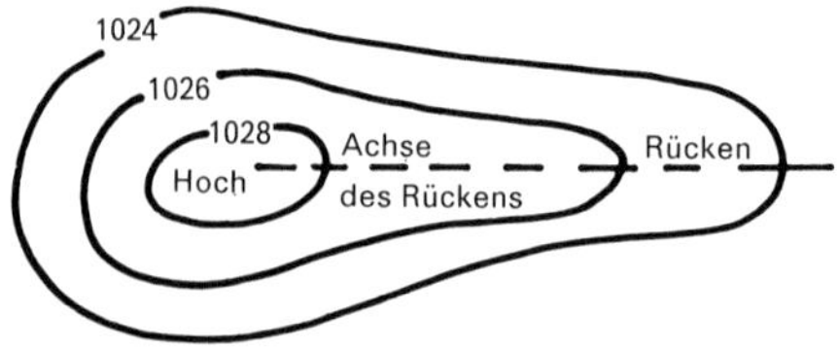

Hochdruckrücken

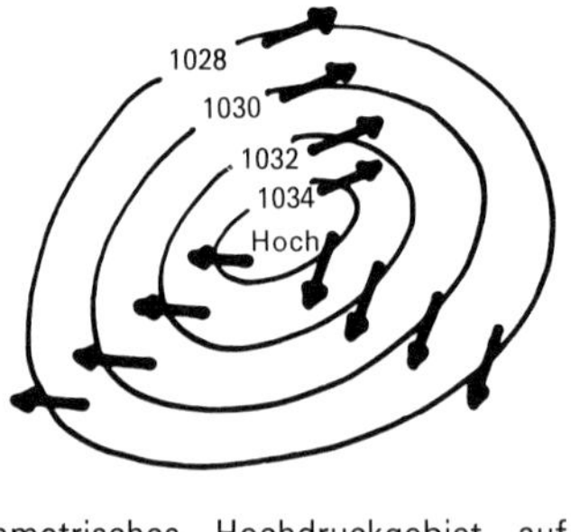

Symmetrisches Hochdruckgebiet auf der Nordhalbkugel

Schönwetter in einem aufziehenden Hochdruckgebiet. Die scharfen Umrisse der Berge am Horizont zeugen von ausgezeichneten Sichtverhältnissen.

Der vertikale Aufbau der Atmosphäre und die chemische Zusammensetzung der Luft

Der vertikale Aufbau der Atmosphäre

Schon seit langem sind Astronomen in der Lage, mittels Riesenfernrohren Mond, Planeten oder entfernte Sterne zu beobachten, sie zu untersuchen, ihr Aussehen, ihre Bewegung und was auf ihnen geschieht, zu studieren. Jedoch sich unseren eigenen Planeten, die Erde, von außen anzusehen, war bis vor kurzem nur ein Traum. Dank künstlichen Erdsatelliten und zum Mond oder zu anderen Himmelskörpern fliegenden Raketen ist auch dieser Traum der Meteorologen wahr geworden. Wir wollen aber unsere Aufmerksamkeit nicht den lockenden kosmischen Weiten, sondern wiederum unserer Erde widmen. So sähen wir von Bord eines Erdsatelliten Ozeane und die Umrisse der Kontinente und Inseln, die unwahrscheinlich genau dem ähneln, was uns aus geographischen Atlanten vertraut ist. Die Ozeane und das Festland sind hin und wieder von Wolkengebilden bedeckt, die aus dem All etwas anders aussehen, als sie uns bei der Betrachtung von der Erdoberfläche aus erscheinen. Aber auch in der Vergangenheit, als noch keine Satelliten die Erde umkreisten, hatten die Meteorologen eine bestimmte Vorstellung davon, wie es über unserem Planeten aussieht. Und da sie wußten, daß der entscheidende, alles beeinflussende Faktor für alles Geschehen über der Erde die Sonnenstrahlung ist, bemühten sie sich, mit Hilfe von Ballons und Raketen die vertikale Temperaturverteilung zu ermitteln. Als man die Ergebnisse vieler solcher Messungen auswertete und graphisch darstellte, stellte es sich heraus, daß die Temperatur mit zunehmender Höhe nicht einfach abnimmt: In bestimmten Schichten trifft dies zu, in anderen ist sie konstant, in einigen steigt sie mit zunehmender Höhe.

Gemäß der Temperaturverteilung in vertikaler Richtung und insbesondere gemäß den dabei auftretenden markanten Knicken in der Temperaturkurve wird die gasförmige Hülle der Erde, die wir Atmosphäre nennen, in Schichten eingeteilt:

Die **Troposphäre** ist die unterste Schicht der Erdatmosphäre. In ihr sind $^{8}/_{10}$ der Gesamtmasse der Atmosphäre und fast der gesamte Wasserdampf enthalten. In der Troposphäre spielen

Blick auf die Erde von einem Wettersatelliten. Über den blaugefärbten Wasserflächen des Meeres sind Wolkenfelder zu erkennen.

sich sämtliche Wettererscheinungen ab: allmähliche Wetteränderungen, plötzliche Wetterstürze infolge von Frontalstörungen, gewaltige Stürme und Hurrikane, die sich aus tropischen Zyklonen entwickeln. Die Lufttemperatur in der Troposphäre fällt pro 100 m Höhenzunahme durchschnittlich um 0,6 °C. Ausgenommen sind die Inversionen, die wir in der Einleitung besprochen haben.

In der oberen Grenze der Troposphäre kommt es zu einem ausgeprägten Knick in der Temperaturkurve. Dort, wo der Temperaturabfall aufhört und die Isothermie (d. h. ein Zustand, in dem die Temperatur sich mit der Höhe nicht ändert) beginnt, hört die Troposphäre auf. Sie reicht in Höhen von 7 bis 18 km. Die höchste Ausdehnung (16 bis 18 km) erreicht sie in den äquatorialen Gebieten. In den gemäßigten Zonen reicht sie bis zu Höhen von 10 bis 12 km und in den Polargebieten von 7 bis 9 km. Die obere Grenzschicht der Troposphäre heißt **Tropopause.**

Eine weitere Schicht der Atmosphäre, die **Stratosphäre,** reicht von der Tropopause bis zu Höhen von ungefähr 50 km. Aus dem Verlauf der Temperaturkurve ist zu erkennen, daß im unteren Teil der Stratosphäre, ungefähr bis zu einer Höhe von 20 km, die Temperatur konstant bleibt, und zwar liegt sie weit unter dem Gefrierpunkt. In äquatorialen Gebieten wurden —76 bis —80 °C, in den gemäßigten Zonen —51 bis —61 °C und in den Polargebieten —64 bis —68 °C gemessen. In dieser unteren Schicht der Stratosphäre können nur noch sehr selten Wolken auftreten, da der Wasserdampfgehalt sehr gering ist. Die Schicht ab 20 bis 25 km Höhe bis zu Höhen von 50 km enthält eine beträchtliche Menge Ozon. Ozon absorbiert einen großen Teil der Sonnenstrahlung, und deshalb steigt in dieser Schicht die Temperatur mit zunehmender Höhe, am

Der Temperaturverlauf in der Erdatmosphäre in Abhängigkeit von der Höhe

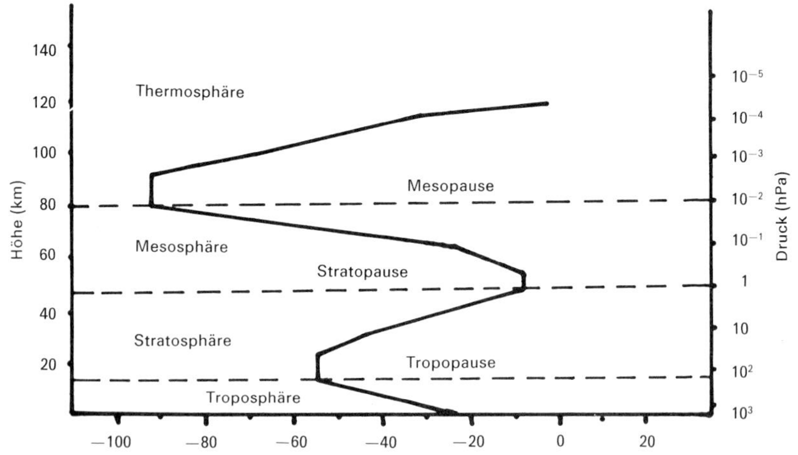

ausgeprägtesten zwischen 25 und 40 km.

Mesosphäre. In einer Höhe von ungefähr 50 km befindet sich eine Trennschicht zwischen der Stratosphäre und Mesosphäre; sie wird **Stratopause** genannt. Dort kommt es zu einem scharfen Knick in der Temperaturkurve. Die auf die Stratosphäre folgende Schicht, die Mesosphäre, die bis zu einer Höhe von 80 km reicht, zeichnet sich durch einen starken Temperaturrückgang aus. Unmittelbar unterhalb der oberen Grenze der Mesosphäre erreichen die Temperaturen die niedrigsten Werte der Atmosphäre überhaupt, und zwar Werte bis zu —95 °C. Obwohl der Anteil an Wasserdampf in der Mesosphäre nur verschwindend gering ist, können wir dort silbrige Wolken beobachten; sie bestehen aus winzigen Staubpartikeln,die von Eis umhüllt sind. Die obere Grenzschicht der Mesosphäre heißt **Mesopause.** Mit Ausnahme von Wasserdampf und Ozon kann die Luft bis zu dieser Höhe als ein homogenes Gasgemisch angesehen werden. Deshalb werden manchmal die Troposphäre, die Stratosphäre und die Mesosphäre zu einer gemeinsamen Schicht, **der Homosphäre,** zusammengefaßt.

In der Mesopause, in einer Höhe von etwa 80 km, kommt es in der Temperaturkurve erneut zu einem Knick; es beginnt die **Thermosphäre.** In dieser Schicht ist nur eine Temperaturzunahme zu beobachten. In einer Höhe von 150 km erreicht sie Werte bis zu 600 °C. Die Thermosphäre reicht bis zu einer Höhe von etwa 800 km.

Die **Exosphäre** ist die äußerste, die höchste Schicht der Atmosphäre; sie beginnt in einer Höhe von 800 km. In ihr treten noch freie Gasmoleküle auf, die teils in der Erdatmosphäre verbleiben und teils in den interplanetaren Raum diffundieren.

Die Frage, wie weit die Erdatmosphäre reicht, wurde in der Vergangenheit je nach den vorhandenen Möglichkeiten der Forschung verschieden beantwortet. Aufgrund neuester, von künstlichen Erdsatelliten übermittelter Angaben wurde festgestellt, daß z. B. atomarer Sauerstoff (O) noch in Höhen von 200 bis 300 km auftritt.

Unabhängig von einer Temperaturzu- oder -abnahme mit zunehmender Höhe gibt es in der Erdatmosphäre noch die **Ozonosphäre.** Diese Schicht dehnt sich in einer Höhe von 20 bis 50 km aus (sie befindet sich also innerhalb der Stratosphäre). In ihr entsteht durch die ultraviolette Sonnenstrahlung aus molekularem Sauerstoff (O_2) atomarer Sauerstoff ($O + O$), der sich wiederum mit einem weiteren freien Sauerstoffmolekül zu Ozon (O_3) verbindet: $O + O_2 \rightarrow O_3$. Das so entstandene Ozon ist ein farbloses Gas mit charakteristischem Geruch; es entsteht in kleinen Mengen auch bei Gewitterentladungen. Die höchste Ozonkonzentration besteht in einer Höhe von 15 bis 30 km.

In der Mesosphäre, in einer Höhe von etwa 60 km wurde noch eine weitere charakteristische Schicht, die **Ionosphäre,** entdeckt; sie zeichnet sich durch elektrische Leitfähigkeit aus und spielt zum Beispiel bei der Übertragung von Radiosignalen eine wichtige Rolle.

Die chemische Zusammensetzung der Luft

Die Meteorologen teilen die zu uns (nach Mitteleuropa) gelangenden Luftströmungen nach ihrer Temperatur, ihrem Feuchtigkeitsgehalt und ihrem Ursprung in Warm-und Kaltluft, feuchte und trockene Luft sowie maritime und kontinentale bzw. arktische und tropische Luft ein. Der Wasserdampfgehalt in der Luft ist veränderlich. Obwohl sich sein volumenmäßiger Anteil nur in den Grenzen zwischen 0 bis 4 % bewegt, ist der Wasserdampf der entscheidende Faktor bei der Formierung des Wetters.

Über die Rolle des Wasserdampfes haben wir bereits in der Einleitung gesprochen, auch im weiteren wird noch von ihr die Rede sein. Zunächst wollen wir aber vom Wasserdampf absehen und uns trockene Luft vorstellen. Wir wollen feststellen, voraus das Gasgemisch, das wir einatmen, besteht. In der Tabelle sehen wir, daß Stickstoff (N_2) den wesentlichen Anteil (78,08 %) stellt. Dieses Gas ist chemisch inaktiv. Gewisse Stickstoff-Verbindungen, die Nitrate, die für die Ernährung der Pflanzen unerläßlich sind, gelangen über den Regen in den Boden. Den zweitgrößten Anteil (20,95 %) in der Luft bildet Sauerstoff (O_2). Es ist chemisch ein sehr aktives Gas, verursacht die Korrosion von Metallen und ist für die Atmung der Lebewesen und Pflanzen unerläßlich.

Von den übrigen in der Tabelle angeführten Gasen spielt das Kohlendioxid (CO_2) eine wichtige Rolle; in der Atmosphäre ist es zu 0,03 % enthalten. CO_2 entsteht bei der Atmung von Menschen und Tieren, bei der Verbrennung von Substanzen, die Kohlenstoff enthalten. Auch bei Vulkanausbrüchen gelangt es in die Atmosphäre. Pflanzen verbrauchen bei der Assimilation CO_2 und liefern O_2. Es wird geschätzt, daß die gesamte Pflanzenwelt auf der Erde im Laufe eines Jahres aus der Luft 550 Milliarden Tonnen CO_2 entnimmt und 400 Milliarden Tonnen reinen Sauerstoff liefert. Von der insgesamt auf der Erde befindlichen Menge Kohlendioxid sind 99 % in den Weltmeeren gelöst, in Abhängigkeit von Temperaturveränderungen wird es dort absorbiert oder freigesetzt. Die Bedeutung des Kohlendioxids besteht auch darin, daß es die Sonnenstrahlung hindurchläßt, die auf die Erdoberfläche einfällt, während es die Wärmestrahlung der Erde absorbiert; diese Wärmestrahlung würde sonst in den interplanetaren Raum entweichen.

In unserer Tabelle ist die chemische Zusammensetzung trockener und reiner Luft angegeben. Neben den angeführten wichtigen Gasen enthält die Atmosphäre noch eine ganze Reihe weiterer Stoffe (Argon, Neon, Helium, Methan,

Zusammensetzung trockener, reiner Luft

Gas	Raumteile in %
Stickstoff (N_2)	78,08
Sauerstoff (O_2)	20,95
Argon (Ar)	0,93
Kohlendioxid (CO_2)	0,03
Neon (Ne)	0,0018
Helium (He)	0,0005
Krypton (Kr)	0,0001
Xenon (Xe)	0,000 008
Wasserstoff (H_2)	0,000 05
Ozon (O_3)	0,000 005

Jod, Radon u. a.) sowie eine gewaltige Menge von Staub und anderen Beimischungen. Die Luftverschmutzung hat natürliche Ursachen (durch vulkanischen Staub, Wüstenstaub u. a.) oder ist auf Emissionsstoffe von Industriebetrieben, Elektrizitätswerken und Motorfahrzeugen zurückzuführen. Diese künstliche Verschmutzung nimmt ständig zu und stellt unter bestimmten meteorologischen Bedingungen eine akute Bedrohung für alle höheren Lebensformen dar. Am Menschen wird es liegen, inwieweit diese Verschmutzung begrenzt wird, damit die uns umgebende Luft möglichst wieder rein wird und der in der Tabelle angegebenen Zusammensetzung nahekommt.

Weitab von industriellen Ballungsgebieten ist die Luft nahezu so zusammengesetzt, wie in der Tabelle angegeben. In der realen Luft ist natürlich im allgemeinen außerdem Wasserdampf enthalten.

Wir sagen das Wetter selbst vorher

Wettervorhersage nach dem Wind

Obwohl heutzutage Wetterinformationen fester Bestandteil von Hörfunk- und Fernsehprogrammen sind und selbst zu den Bewohnern der abgelegensten Einöden gelangen, treffen wir oft Menschen an, die sich bemühen, das Wetter aus eigenen Beobachtungen vorherzusagen. Menschen, die lange Zeit an ein und demselben Ort leben und das Wetter aufmerksam beobachten, können zumindest in der kurzfristigen Wettervorhersage durchaus erfolgreich sein. Es gibt eine ganze Reihe von Faktoren, aus denen sie für die allernächste Zeit erschließen können, ob etwa das sonnige Wetter aufhört und Regenwolken aufziehen werden. Einer davon ist der Wind. Aus der Windrichtung können wir nämlich feststellen, woher das Wetter zu uns gelangt. Längere Beobachtungen lehren uns, daß z. B. Winde von Nordost, Ost und Südost meistens eher trokkenes Wetter bringen, während südwestliche bis nordwestliche Winde

Die Vorgänger der heutigen Meteorologen erkannten bereits vor Jahrhunderten, daß Windrichtung und -geschwindigkeit für die Wetterentwicklung von großer Bedeutung sind. Davon zeugt z. B. die historische Wetterfahne auf dem Dach des Prager Klementinums.

In einigen Wetterwarten sind Wetterfahnen bis auf den heutigen Tag in Gebrauch.

feuchtes und regnerisches Wetter erwarten lassen. Wir dürfen aber nicht außer acht lassen, daß der bodennahe Wind von der Gestalt des Geländes abhängig ist. Deshalb beobachten wir, wie die Wolken ziehen, um uns eine Vorstellung davon machen zu können, aus welcher Richtung der Wind in den höheren Schichten der Atmosphäre weht. In Bodennähe kann ein Südostwind wehen, der ein Vorzeichen für trockenes Wetter wäre; weht aber in höheren Schichten gleichzeitig der Wind aus Südwest, ist mit Regen zu rechnen.

Über die Windrichtung kann uns auch Rauch aus unterschiedlichen Quellen informieren. Die Rauchbewegung wird aber oft nur von lokalen Winden beeinflußt, die keine Wetteränderung mit sich bringen. In Tälern bewegt sich Rauch im Zuge des Tales entlang. In den Nachmittagsstunden steigt er meist mit den aufsteigenden Luftströmungen auf, nach Sonnenuntergang sinkt er dagegen gemeinsam mit der Kaltluft, die in das Tal hinabströmt, wieder herab. Wenn der Rauch anfänglich aufsteigt, kann mit großer Wahrscheinlichkeit eine Inversion vorliegen, die bei bestimmten Wetterlagen eine Wetterverschlechterung anzeigen könnte.

Zur zuverlässigen Bestimmung der Windrichtung wird in meteorologischen Stationen bis auf den heutigen Tag die Windfahne benutzt. Der untere Teil dieses Meßinstruments (einschließlich der Windrose) ist starr. Auf einem senkrecht herausragenden Zapfen bewegt sich die Wetterfahne, die auf die geringste Luftströmung reagieren muß. Die Wetterfahne besteht aus einem Windflügel und einem waagerechten Stab mit Gegengewicht; dieser Stab zeigt an, woher der Wind weht. Die Windrose besteht aus vier Stäben, die in die vier

Auch die Herstellung von Brauereimalz erfordert eine sehr gute Lüftung, wozu die beweglichen Abdeckungen auf den Abzügen verhelfen.

Himmelsrichtungen ausgerichtet sind, und aus kürzeren Stäben, die in die einzelnen Zwischenrichtungen, d. h. Nordost, Nordwest, Südost und Südwest, weisen. Der mit einem Kreuz versehene Stab weist nach Norden.

In den letzten Jahren wird die Windfahne durch volkommenere Anemometer abgelöst, die aus einem Schalenkreuz (Robinsonkreuz) zur Messung der Windgeschwindigkeit und einer Windfahne zur Anzeige der Windrichtung bestehen. Die Messungen erfolgen über elektrische Impulse.

Die Bestimmung der Windrichtung ist als meteorologische Information nicht nur für die Erarbeitung einer Wettervorhersage wichtig. Viele menschliche Tätigkeiten hängen von der Windrichtung bzw. vom Wind ab. Dazu gehört zum Beispiel auch die durchaus prosaische Bierherstellung. Die merkwürdigen Schornsteinabdeckungen an Brauereischornsteinen bewegen sich gemäß der Richtung des wehenden Windes und dienen so zur Verbesserung des Zuges. Auch zur Verbesserung der Lüftung bei der Malzherstellung bedient man sich ähnlicher Einrichtungen.

Wettervorhersage aus Morgen- und Abendrot

Das **Morgen-** oder **Abendrot** ist eine optische Erscheinung in der Atmosphäre, die zu den sogenannten Photometeoren gehört.

Jeder von uns kennt die rote, gelbe oder orange Färbung am Horizont vor Sonnenaufgang oder nach Sonnenuntergang. Vielleicht haben wir schon darüber nachgedacht, wieso es dazu kommt, und welches Wetter sie verheißen mag.

Morgen- und Abendrot entstehen vor allem durch Streuung des roten und gelben Anteils im Sonnenlicht. Die Färbung des Himmels ist um so ausgeprägter, je mehr Wasserdampf und Staub in der Luft enthalten sind. So kann uns das Morgen- und Abendrot einen Wetterwechsel signalisieren. Die unterschiedliche Färbung deutet darauf hin, daß über dem entfernten Horizont entweder viel Wasserdampf — dann können wir Zustrom feuchter Luft erwarten — oder viel Staub in der Luft enthalten ist, was ein trockenes und windiges Wetter erwarten läßt.

Nach der Reihenfolge der Farben im Segment des Morgen-, aber insbesondere des Abendrots kann man die künftige Entwicklung des Wetters grob abschätzen. Folgen vom Horizont aus gesehen Rot, Orange und Gelb aufeinander, ist mit Zustrom von Meeresluft auf das Festland zu rechnen, was zur Wetterverschlechterung und zu atmosphärischen Niederschlägen führt. Ein Meteorologe vom Fach würde ungefähr so formulieren: Es nähert sich eine Warmfront, gefolgt von feuchten Luftmassen. Auch eine rötliche Färbung des unteren Randes niedriger Wolken weist auf eine zu erwartende Wetterverschlechterung hin. Ist diese Erscheinung bei Sonnenaufgang zu beobachten, ist noch am selben Tage mit Regen zu rechnen. Ist der Himmel unmittelbar über dem Horizont hellgelb bis grünlich gefärbt, ist eine Abkühlung zu erwarten; im Winter bedeutet dies Frostwetter, im Sommer wird sich die kalte Luft aufgrund des zu erwartenden sonnigen Wetters rasch erwärmen.

Ist nach Sonnenuntergang ein Purpurrot am klaren Himmel oder ein silbriges Gleisen am westlichen Horizont noch lange nach Sonnenuntergang zu beobachten, kann man mit relativer Zuverlässigkeit schönes Wetter voraussagen.

Die angegebenen Regeln sind zwar mehr oder weniger gut begründet; Meteorologen betrachten die Möglichkeit der Wettervorhersage aus Morgen- oder Abendrot eher skeptisch und halten eine daraus abgeleitete erfolgreiche Wettervorhersage für mehr oder weniger zufallsbedingt.

Morgen- bzw. Abendrot. Überwiegend rot gefärbte Wolken am Horizont weisen auf das Vorhandensein maritimer Luftmassen hin. Eine ausgesprochen rötliche Färbung der Wolken bei Sonnenaufgang könnte bedeuten, daß sich das Wetter noch am gleichen Tage verschlechtert.

Tiere als Wetterpropheten

Begriffe wie Kontinuitätsgleichung und Vertizitätsgleichung, geostrophischer Wind, Strömungsdivergenz und -konvergenz werden dem Nichtfachmann im allgemeinen nichts sagen. Sie werden in der modernen Meteorologie gebraucht und dienen zur mathematischen Beschreibung der sich in der Erdatmosphäre abspielenden fundamentalen Prozesse. Auf den Umschlägen populärwissenschaftlicher Darstellungen der Meteorologie erscheint allerdings anstatt komplizierter mathematischer Formeln eher ein Frosch auf der Leiter, dem die Fähigkeit zugeschrieben wird, das Wetter vorauszusagen. Ist es wirklich so, daß dieser sympathische Frosch in der Lage ist, auf atmosphärische Änderungen zu reagieren und anzuzeigen, ob es regnen wird oder nicht?

In der Paarungszeit von Ende März bis Juni geben Laubfrösche rauhe, quakende Töne von sich. Das Quaken der Frösche ist — bezogen auf die Kleinheit dieser Lebewesen — unwahrscheinlich laut und man sagt, daß es eine Wetteränderung ankündigt. In Wirklichkeit sind jedoch Wetterfrösche sehr unzuverlässige Meteorologen. Frösche quaken oft auch bei anhaltend schönem Wetter, und wenn es kühl ist, schweigen sie. Jedenfalls dürfte das Halten von Fröschen in einem engen Glas mit einer Leiter vor allem eine überflüssige Tierquälerei sein.

Eine andere Wettervorhersage von Laien aus dem Verhalten von Tieren besagt: Niedrig fliegende Schwalben kündigen Regen an. Schwalben jagen nach ihrer Nahrung, nach Insekten. Von Insekten ist zwar anzunehmen, daß sie ihr Verhalten bei einem bevorstehenden Wetterumschlag ändern, aber bisher steht dies nicht einwandfrei fest. Es gibt aber zahlreiche Beweise dafür, daß die sechsbeinigen Bewohner unseres Planeten mit ihren Sinnesorganen u. a. Erdmagnetismus, UV-Licht, statische Elektrizität, Ultraschall und polarisiertes Licht wahrnehmen können. So ist etwa bekannt, daß Bienen vor einem Gewitter ausgesprochen unruhig und stechfreudig sind. Dr. Ulrich Warnke von der Universität Saarbrücken hat nachgewiesen, daß Bienen in der Lage sind, elektrische Ladung aufzunehmen und die Größe der Ladung, im Unterschied zum Menschen, wahrzunehmen. Luftmassen, die beim Durchzug von Wetterfronten einander ablösen, haben unterschiedliche elektrische Eigenschaften. Daher können wir zu Recht annehmen, daß Bienen und andere Insekten in der Lage sind, kurzfristige Wetteränderungen zu signalisieren.

Es besteht natürlich ein Zusammenhang zwischen dem Verhalten von Tieren und dem Klima. Das Leben und die Fortpflanzung von Lebewesen sind von der Sonnenstrahlung und der Temperatur des umgebenden Mediums (Wasser oder Luft) abhängig. In den nördlichen Meeren steigen deren Bewohner in der kalten Jahreszeit in die Meerestiefen hinab, und erst im Frühling, wenn die Sonne beginnt, das Meereswasser zu erwärmen, ist Liebeszeit. Bei Tieren, die auf dem Festland leben, verhält es sich ähnlich. Mit steigender Temperatur melden sich die Liebesgelüste zu Wort. Die Lebewesen sind zur Paarung bzw. Fortpflanzung nur in einem bestimmten Zeitraum fähig. Bei allen frei in der Natur lebenden Tieren der gemäßigten und kalten Zonen unserer Erde wiederholt sich der Liebeskalender jedes Jahr ziemlich stereotyp. Schnepfen balzen im März, im April Auerhähne. Im Mai ist für Lachse, Goldamseln und Turmschwalben Paarungszeit. Johanniskäfer schwärmen im Juni. Im Juli ist Liebeszeit für Dachse und Marder usw.... Dieses Paarungsverhalten der Tiere ist aber gerade vom Wetter weitestgehend unabhängig und hat sich stammesgeschichtlich durch klimatische Faktoren herausgebildet.

Das Wetterhäuschen mit einer weiblichen und männlichen Figur zeigt den Feuchtigkeitsgehalt in der Luft an. Die Reaktion eines Feuchtigkeitsfühlers, der z. B. ein Menschenhaar sein kann, wird als Bewegung der Figuren sichtbar gemacht. Bei geringer Feuchte tritt die Frau aus dem Häuschen, was schönes Wetter verheißen soll; bei großer Feuchte wird das Männlein herausbewegt, das Regen prophezeit.

Bevor der Wetterbericht entsteht

Die Wetterhütte

Fast bis in die Mitte des 20. Jahrhunderts arbeiteten die Meteorologen meist nur mit meteorologischen Elementen, die in Bodennähe gemessen oder beobachtet werden konnten. Die luftkriegerischen Unternehmungen im 2. Weltkrieg waren von der Kenntnis der meteorologischen Elemente in höheren Luftschichten abhängig. Dieser Umstand beschleunigte auch die technische Entwicklung in der Meteorologie. Der Meteorologe erhielt zunächst Informationen von den Besatzungen der Flugzeuge. Schrittweise wurden meteorologische Radiosonden eingeführt; nach dem 2. Weltkrieg wurden sie zu regelmäßigen Informationsquellen aus den höheren Luftschichten. In den darauffolgenden Jahrzehnten kamen Informationen, aus Radarmessungen und über Wettersatelliten vermittelt, hinzu. Trotz dieser gewaltigen technischen Entwicklung bleiben die klassischen bodennahen Beobachtungen und Messungen weiterhin die Grundlage für die Wetterinformation. Ohne die weißen Wetterhütten, die über die gesamte Erdoberfläche verteilt sind, wäre der meteorologische Dienst unvorstellbar. In diesen Hütten werden die grundlegenden Parameter der Luft, die Temperatur und die Feuchtigkeit, gemessen. Damit die in verschiedenen Wetterhütten (an verschiedenen Orten) gemessenen Größen reell untereinander verglichen werden können, müssen sie unter nahezu gleichen Bedingungen gemessen werden. Die Aufstellung von Wetterhütten unterliegt strengen Vorschriften. Sie müssen im freien Raum aufgestellt sein, der sie umgebende Rasen muß kurz geschnitten sein, die Meßfühler des Thermometers müssen sich im Schatten 2 m über dem Erdboden befinden. Der Boden der Hütte besteht aus Maschendraht und die Wände sind dergestalt, daß die umgebende Luft frei hindurchströmen kann. Der glänzendweiße Anstrich der Hütte vermindert die Absorption von Sonnenstrahlung. In der Hütte befinden sich zwei senkrecht, ein waagerecht und ein schräg angebrachtes Thermometer. Eines der senkrecht angebrachten Thermometer dient zur Grundmessung der Temperatur, mit dem zweiten, das von einem feuchten Strumpf umgeben ist, dessen unteres

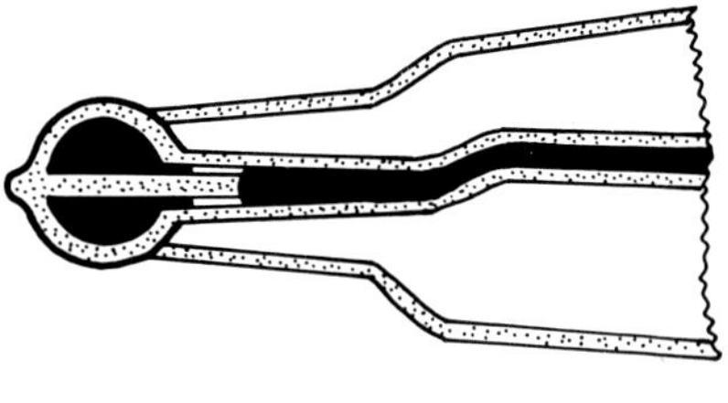

Das Meßteil eines Maximum-Thermometers

Blick in das Innere einer Wetterhütte mit Thermometern, Hydrograph, Thermograph und Haarhygrometer

Ende sich in einem Gefäß mit Wasser befindet, wird die sogenannte feuchte Temperatur gemessen. Aus dem Unterschied zwischen den mit den zwei Thermometern gemessenen Temperaturwerten kann man den Gehalt des Wasserdampfes in der Luft errechnen.

Das sogenannte Maximum-Thermometer ist schräg angebracht und ist ähnlich wie ein Fieberthermometer konstruiert. Die Kapillare ist über dem Quecksilbergefäß verengt, so daß Quecksilber nicht mehr zurückkehren kann, wenn die Temperatur nach Erreichen eines Höchstwertes wieder fällt.

Das sogenannte Minimum-Thermometer ist waagrecht angebracht. Zur Feststellung der erreichten Tiefsttemperatur dient ein kleines Glasstäbchen, Index genannt, das frei in der Thermometerflüssigkeit (z. B. Alkohol) schwimmt. Fällt die Temperatur, zieht das Flüssigkeitshäutchen den Index mit sich. Steigt die Temperatur wieder, verbleibt der Index an seinem ursprünglichen Ort. Ein gleiches Minimum-Thermometer wird außerhalb der Wetterhütte 5 cm über dem Erdboden angebracht und dient so zur Messung der Tiefsttemperatur in Bodennähe.

In der Wetterhütte befinden sich außerdem Registriergeräte. Zur Aufzeichnung des Temperaturverlaufs dient der Thermograph. Der Hydrograph zeichnet den zeitlichen Verlauf der relativen Luftfeuchtigkeit auf. Die jeweilige relative Luftfeuchtigkeit kann an einem Haarhygrometer abgelesen werden. Die Meßfühler in den beiden letzteren Meßgeräten sind entfettete Menschenhaare, die auf Feuchtigkeitsänderungen reagieren; sie verlängern sich durch Wasserdampfaufnahme.

Messung der Niederschlagsmenge und des Luftdrucks

Atmosphärische Niederschläge sind eine der wichtigsten Wettererscheinungen, die wesentlichen Einfluß auf das menschliche Leben haben. Ein Überschuß oder ein Mangel an Niederschlägen ist ein wichtiger Faktor, der die Wirtschaft günstig oder ungünstig beeinflußt. Die Menge der gefallenen Niederschläge wird in der Meteorologie in Millimetern gemessen. Unter 1 mm Niederschlagsmenge verstehen wir eine 1 mm hohe Wasserschicht auf einer 1 m^2 großen waagerechten Fläche, wobei vorausgesetzt wird, daß das Wasser weder versickert, noch verdunstet, noch abfließt (1 mm Niederschlagsmenge $\triangleq$ 1000 cm^3 = 1 Liter pro 1 m^2). Zur Messung der Niederschlagsmenge dient ein Niederschlagsmesser. Innerhalb dieses einfachen genormten Gefäßes befinden sich ein Trichter mit einer Kanne. Das Regenwasser fließt durch den Trichter in die Kanne und wird in regelmäßigen Abständen (zumeist alle 12 oder 24 Stunden) in ein zylindrisches Meßgefäß abgegossen. An der Wand des Meßgefäßes befindet sich eine Skala, wobei ein Teilstrich $^1/_{10}$ mm (als Niederschlagsmaß, nicht als Längenmaß!) entspricht.

Ein Niederschlagsmesser zur Messung atmosphärischer Niederschläge während eines bestimmten Zeitabschnitts (meistens 12 Stunden) und ein Ombrograph, der den zeitlichen Verlauf der Niederschlagsintensität registriert.

Das Innere eines Ombrographen (Pluviographen)

Ein Barograph registriert den zeitlichen Verlauf des Luftdrucks.

Feste Niederschläge (Schnee und gefrorener Regen) werden in der kalten Jahreszeit direkt in einem Meßgefäß aus Metall aufgefangen. Der Inhalt wird zum Tauen gebracht und sein Volumen gemessen. Zur Beschleunigung des Tauens kann warmes Wasser verwendet werden, dessen Volumen vorher genau gemessen und von der gemessenen Menge abgezogen wird.

Zur Messung des zeitlichen Verlaufs der Niederschlagsintensität wird ein Ombrograph verwendet, jedoch nur in der frostfreien Jahreszeit. Im oberen rechten Teil dieses Gerätes befindet sich eine Schwimmerkammer. Das hinzufließende Wasser hebt den Schwimmer an, und zwar um so schneller, je intensiver der Regen ist. Gleichzeitig mit dem Wasser in der Schwimmerkammer steigt das Wasser in der schrägen Röhre an. Zum Zeitpunkt, da der Wasserspiegel den gebogenen Teil erreicht, fließt das Wasser in ein Gefäß, das sich im unteren Teil befindet, und die Schwimmerkammer füllt sich von neuem. Die Schwimmerbewegung wird auf eine Registrierfeder übertragen, die so die Niederschlagsintensität aufzeichnet.

Zur genauen Luftdruckmessung dienen Stationsquecksilberbarometer. Das Prinzip der Luftdruckmessung haben wir bereits in der Einleitung kennengelernt. Die Druckwerte, die von den verschiedenen meteorologischen Stationen gemessen und in Wetterkarten eingetragen werden, dienen den Meteorologen als Grundlage zur Erarbeitung einer Analyse des Druckfeldes. Neben den aktuellen Luftdruckwerten ist es noch nötig, ihre zeitlichen Änderungen festzustellen (vor allem zur Ermittlung von Fronten). Als unerläßliche Ergänzung zum Barometer befindet sich auf den Wetterstationen daher der Barograph. Der Meßfühler dieses Geräts sind luftleere Vidiedosen, die auf Druckänderungen ansprechen. Die Bewegung ihrer Wände wird auf eine Registrierfeder übertragen, die die Luftdruckanzeige auf geeignet vorgedruckte Papierstreifen aufzeichnet. Der Streifen wird auf eine Trommel gewickelt, die Trommel wird von einem Uhrwerk angetrieben. Die Änderungen in der aufgezeichneten Kurve sind verschieden ausgeprägt: Es ist ein allmähliches Fallen oder Steigen möglich. Ein steiles Fallen ist bei Warmfronten und sich nähernden Tiefdruckgebieten abzulesen, ein steiles Ansteigen weist auf den Durchzug einer Kaltfront hin. Aus dem Knick in der Kurve kann man auch ziemlich genau feststellen, wann die Kaltfront den Meßort passiert hat.

Messung von Wind und Sonnenlicht

Wir haben bereits festgestellt, daß die Windgeschwindigkeit vor allem von der Ausprägung des horizontalen Druckgradienten abhängig ist, somit ist sie ein sehr guter Indikator bevorstehender Wetteränderungen. Extrem heftige Winde gehören zu den gefährlichen Witterungserscheinungen. Für den synoptischen Meteorologen, dessen Aufgabe es ist, die Wettervorhersage zu erarbeiten, sind neben der Windstärke natürlich auch Angaben über die Windrichtung wichtig. Windgeschwindigkeit und -richtung werden zumeist mit dem Anemometer oder mit dem universalen Anemographen gemessen. Die eigentlichen Meßvorrichtungen in diesen beiden Geräten sind einander sehr ähnlich. Die Meßfühler sind ein Dreischalenkreuz und eine Windfahne. An der Welle des Schalenkreuzes ist ein Magnet angebracht, der durch Drehung in der Statorwicklung einen elektrischen Strom induziert, dessen Stärke der Windgeschwindigkeit direkt proportional ist. Die Windrichtung wird mittels eines achtpoligen Schalters gemessen.

Die Werte für Windstärke und -richtung werden in einem Raum abgelesen, entweder an einem Anzeigegerät oder einem Registrierstreifen des universalen Anemographen. Die Windwirkung wird über einen Übertragungsmechanismus auf Federn übertragen, den Streifenvorschub besorgt ein Uhrwerk. Das obere Federnpaar zeichnet die Windrichtung auf, die mittlere Feder die Windbahn und die untere Feder die jeweilige Windgeschwindigkeit, also auch die Geschwindigkeit von Böen.

Das Meßteil eines Anemographen

Das Registrierteil eines Anemographen

Die Windgeschwindigkeit wird meist in m/s angegeben. Daraus ergibt sich die Geschwindigkeit in km/h durch Multiplikation mit 3,6 (1 Stunde hat 3600 Sekunden). Wenn wir von der Windrichtung sprechen, bestimmen wir, woher, und nicht wohin der Wind weht. Südwestwind weht also von Südwest.

Eine Wetterverschlechterung wird durch fallenden Luftdruck, zunehmende Windstärke und zunehmende Bewölkung angekündigt. Luftdruck, Windstärke und -richtung sind genau meßbar; der Grad der Bewölkung ist jedoch nur abschätzbar. Die Bedeckung des Himmels mit Wolken, wie sie sich einem Beobachter auf der Erde darbietet, wird in Achteln ausgedrückt. So bedeutet die Angabe $^8/_8$, daß der gesamte sichtbare Himmel von Wolken bedeckt ist; werden $^4/_8$ angegeben, ist der halbe Himmel mit Wolken bedeckt.

Die einzige objektive Meßvorrichtung zur indirekten Feststellung des Bewölkungsgrades während des Tagesverlaufs ist der sogenannte Heliograph, der von Sonnenaufgang bis -untergang die Dauer des Sonnenscheins aufzeichnet. Das Meßprinzip beruht darauf, daß eine Glaskugel die Sonnenstrahlen ähnlich wie eine Sammellinse sammelt und eine Spur in ein Papierband brennt, das sich im Brennpunkt der Kugel befindet. Die Länge und Form des benutzten Bandes hängt von der Jahreszeit ab.

Zu den meteorologischen Elementen, die in den Wetterstationen gemessen werden, gehören noch die Bodentemperatur und die Höhe der Schneedecke. Nach einer vorgegebenen Skala wird der Bodenzustand festgestellt.

Ein Heliograph zur Messung der Sonnenscheindauer

Zur Bestimmung der Beschaffenheit der Luftmassen dient ein sehr wichtiges meteorologisches Element, die horizontale Sichtweite. Auf modernen Flughäfen besitzen die Wetterstationen Geräte zur Messung der Sichtweite, ansonsten wird die Sichtweite meist nach bekannten Entfernungen charakteristischer Punkte in der Landschaft, die in einem Sichtweitenplan eingetragen sind, geschätzt.

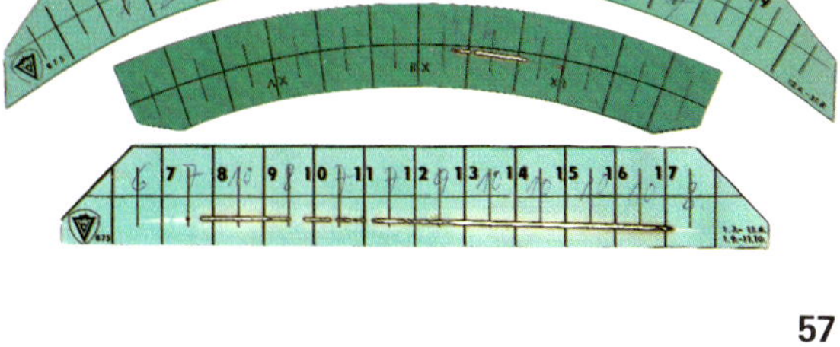

Registrierstreifen für Frühling und Herbst

Registrierstreifen für den Sommer

Meteorologische Radiosonden

Ein neues Kapitel in der Geschichte der Meteorologie eröffneten nach dem 2. Weltkrieg meteorologische Radiosonden, die von wasserstoffgefüllten Ballons transportiert werden. Gegenwärtig existiert auf der Erde ein ganzes Netz von aerologischen Aufstiegsstellen, sowohl auf dem Festland als auch auf den Meeren. Genauso wie bodennahe meteorologische Beobachtungen durchgeführt werden, werden in größeren Höhen Beobachtungen angestellt, indem in regelmäßigen (allerdings ziemlich großen) Abständen von Aufstiegsstellen Radiosonden in die Erdatmosphäre aufgelassen werden. Während ihres Aufstieges messen sie die Temperatur, die Feuchtigkeit und den Luftdruck und übermitteln die gemessenen Werte mittels Miniaturradiosendern zu den Bodenstationen. Das Meßprinzip ist einfach. Die Positionsänderungen der Meßfühler für Temperatur, Druck und Feuchtigkeit werden auf leitende Hebel übertragen, die sich über sinnvoll angeordnete elektrische Kontakte bewegen. Durch die Schließung von Kontakten entstehen verschiedene Signalkombinationen, die der Sender zur Bodenstation funkt. Nachdem der Aufstieg der Radiosonde beendet ist (d. h. nachdem der Ballon geplatzt ist), werden in den Bodenstationen die ermittelten Angaben ausgewertet, kodiert und in die verschiedenen Wetterbeobachtungszentren gesandt. Dort werden sie in spezielle Diagramme eingetragen, aus denen man sodann eine Vorstellung über den vertikalen Verlauf von Temperatur und Feuchtigkeit und damit über die Schichtung in der Atmosphäre (siehe Einleitung) gewinnen kann.

Die Angaben vom gesamten Netz der Aufstiegsstellen werden in Höhenwetterkarten eingezeichnet, die den Meteorologen über die Verteilung von Druck, Temperatur und Feuchtigkeit in den höheren Luftschichten informieren. Alle sich in der freien Atmosphäre abspielenden Prozesse beeinflussen nicht nur das Wetter entscheidend, sondern auch sehr den Luftverkehr. Der heutige Meteorologe kann sich seine Arbeit ohne sie nicht mehr vorstellen. Die Position des Ballons mit der Radiosonde wird während des Aufstiegs mittels Funk gemessen, so werden wichtige Informationen über Windstärke und Windrichtung auf den einzelnen Niveaus der Atmosphäre ermittelt. Heutzutage steigen Radiosonden bis zu einer Höhe von etwa 20 km auf, dort platzen in der Regel die Trägerballons, und die Sonde kehrt an einem Fallschirm zur Erde zurück.

Ein mit Wasserstoff gefüllter Ballon transportiert eine meteorologische Radiosonde in die Troposphäre, wo Informationen zum Luftdruck, zur Temperatur und Luftfeuchte gewonnen werden.

Unter den Kuppeln auf dem Dach einer Aufstiegsstelle sind die Antennen eines Wetterradargerätes zu sehen, das mit Hilfe unsichtbarer Radiowellen nahe und entfernte Wolken ortet.

Wetterradar und Wettersatelliten

Meteorologische Radiosonden ermöglichen zwar Untersuchungen der unteren Atmosphärenschichten bis zu einer Höhe von 20 km in der Umgebung von Aufstiegsstellen, die durch die dort vorherrschenden Luftströmungen vorgegeben ist, aber über außerhalb dieses Raumes sich abspielende Prozesse fehlen nach wie vor Informationen. Schon zu Beginn des 2. Weltkrieges wurde das Radar zur Ortung von Zielen (Flugzeugen, Schiffen u. ä.) bei schlechter Sicht und zur Nachtzeit entwickelt. Es dauerte aber noch einige Jahre, bis das Radar in die Meteorologie Eingang fand. Mittels Radarbildschirm können gefährliche Gewitterwolken und Gebiete intensiver atmosphärischer Niederschläge geortet werden. Heute kann mittels ultrakurzer Wellen, die von den Antennen des Wetterradars abgestrahlt werden, die Atmosphäre bis zu einer Entfernung von 300 km untersucht werden. Mit ihrer Hilfe kann auch die Höhe der Bewölkung festgestellt werden, was wiederum auf die zu erwartende Intensität der Niederschläge schließen läßt.

Die auf dem Radarbildschirm erscheinenden Niederschlags- und Gewitterzonen werden auf die Karte des untersuchten Gebiets übertragen und den Meteorologen und Hydrologen übergeben. Wenn man die verschiedenen Radaraufzeichnungen miteinander vergleicht, kann man die Entwicklung einer Gewitterwolke, ihre Bewegung und die Intensität der Niederschläge verfolgen und so rechtzeitig vor bevorstehenden heftigen Gewittern, Stürmen, Hagelschlag und Überschwemmungen warnen.

Meteorologische Radiosonden und Wetterradar gehören zu den bedeutsamen Erfindungen nach dem 2. Weltkrieg. Ein weiterer historischer Umbruch in der Entwicklung der Meteorologie vollzog sich 1960, als der erste Wettersatellit auf eine Erdumlaufbahn gebracht wurde. Den Meteorologen der ganzen Welt war es so zum ersten Male zu sehen vergönnt, wovon sie bislang nur geträumt hatten: die mit Frontensystemen verbundene Bewölkungsstruktur von einem Standpunkt außerhalb der Atmosphäre (und der Erde). Die von den Wettersatelliten übermittelten Fotos erlauben eine Überprüfung der Vorstellungen der Meteorologen von der

Das Ausgabeteil einer automatischen Einrichtung zum Empfang von Satellitenaufnahmen

Entwicklung von Tiefs und Fronten. Es werden auch Informationen zur Bewölkungsverteilung über Gebieten gewonnen, in denen sich nur wenige Wetterstationen befinden, z. B. über den gewaltigen Gebieten der Weltmeere, über Wüsten und über den Polargebieten. Der Satellit umkreist die Erde nahezu längs eines Meridians oder unter einem kleinen spitzen Winkel zu einem Meridian. An Bord befindliche Kameras fotografieren die überflogenen Gebiete der Erdoberfläche bzw. die über ihnen befindliche Bewölkung. So wird nach und nach ein breites Band über der gesamten Erdkugel im Bild festgehalten. Während einer Satellitenumkreisung dreht sich die Erde und bei der nächsten Umkreisung wird ein benachbartes Band im Bild festgehalten. Innerhalb von 24 Stunden wird so die gesamte Erdoberfläche fotografiert.

Außer der fotografischen Aufzeichnung der Bewölkung liefern Wettersatelliten heutzutage auch Informationen zur vertikalen Lufttemperaturverteilung, informieren über die langwellige (infrarote) Ausstrahlung der Erdoberfläche und der unteren Atmosphärenschichten und geben viele andere, eng mit der Meteorologie zusammenhängende Informationen, wie z. B. über die Wassertemperatur an der Oberfläche der Ozeane, über die Verteilung der Schneedecke, über das Ausmaß von Flußüberschwemmungen, Umweltverschmutzungen, über Vulkanausbrüche und Waldbrände.

Den Meteorologen in den Wetterbeobachtungszentren der verschiedenen Länder helfen Satellitenaufnahmen vor allem bei der Analyse der Wetterkarte und der Präzisierung der Lage von Frontensystemen. Doch sind Informationen zur zu erwartenden Richtung und Geschwindigkeit von Frontenbewegungen sowie zur künftigen Entwicklung der Niederschlagstätigkeit aus Satellitenaufzeichnungen bislang nicht ausreichend gut erschließbar.

Eine Antenne zum Empfang von Wettersatellitensignalen

Datenübertragung und Nachrichtenkodierung

Die durch Beobachtung und Messung gewonnenen meteorologischen Daten — unabhängig davon, ob in klassischen Wetterwarten oder mit Hilfe von Wetterradar und künstlichen Satelliten — können uns das grundlegende Baumaterial nicht nur für die Ausarbeitung der Wettervorhersage, sondern auch für eine ganze Reihe weiterer klimatischer und hydrologischer Informationen liefern. Für die moderne Meteorologie, die die Prozesse in der Erdatmosphäre im globalen Maßstab untersucht, wären diese Angaben nahezu wertlos, wenn sie nicht hinreichend rasch als Eingabedaten zu den Computern in den Wetterbeobachtungszentren und, entsprechend verarbeitet, auf den Arbeitstisch erfahrener Meteorologen gelangten.

Noch vor kurzem dienten zur Übertragung von meteorologischen Daten vor allem Fernschreiber. Heute werden sie immer mehr durch Kommunikationsrechner ersetzt, die in der Lage sind, in sehr kurzer Zeit gewaltige Datenmengen zu vermitteln. Eine unerläßliche Voraussetzung für den Austausch meteorologischer Daten ist eine gut funktionierende internationale Zusammenarbeit. Damit die Meteorologen verschiedener Nationalitäten sich problemlos untereinander verständigen können, werden die Wetterinformationen in einem international vereinbarten Ziffernkode übermittelt. Die Drucker der Rechner in den Wetterbeobachtungszentren geben so eine für einen Laien auf den ersten Blick unverständliche Menge von fünfstelligen Zahlen von sich. In diesen Zahlen sind die Beobachtungs- und Meßergebnisse sowohl von Bodenwetterstationen als auch von Radiosonden verschlüsselt. Die 1. Zahlengruppe enthält stets das Datum und die Uhrzeit der Beobachtung. Darauf folgen in der 2. Zahlengruppe die Bezeichnung des Gebiets (Blockkennziffer) und der Wetterstation (Stationskennziffer) sowie in den weiteren Gruppen die Werte der verschiedenen meteorologischen Elemente (einschließlich ihrer Kennziffern). Folgende kodierte Nachricht wollen wir uns genauer anschauen: 09492 32782 10907 10268 20110 40200 57009 81100.

In der 1. Gruppe bezeichnet die zweistellige Zahl **09** das Gebiet, konkret handelt es sich um die DDR, wo die beobachtende Station liegt, **492** ist die Kennziffer der Wetterwarte Cottbus.

Die **3** zu Beginn der 2. Gruppe besagt, daß die gemessene Niederschlagsmenge gleich Null ist, die **2** bezeichnet eine Wetterwarte mit manueller Bedienung, die **7** gibt an, daß die untere Grenze der Bewölkung 2000 m beträgt, die **82** besagt, daß die horizontale Sichtweite 40 km beträgt.

Der Kontrollbildschirm eines Kommunikationsrechners mit Tastaturen, mit deren Hilfe dem Rechner Instruktionen übermittelt werden.

Die **1** zu Beginn der 3. Gruppe besagt, daß $^1/_8$ des Himmels bedeckt ist, **09** gibt an, daß die Windrichtung 90° beträgt, was gemäß Vereinbarung Ostwind bedeutet; die **07** besagt, daß die Windgeschwindigkeit 7 m/s beträgt.

Die **1** zu Beginn der 4. Gruppe kündigt die Angabe der Lufttemperatur an, die **0** bedeutet eine Temperatur über 0 °C (über dem Gefrierpunkt), die dreistellige Zahl **268** gibt die Temperatur 26,8 °C an (in die Wetterkarte wird der auf 27 °C gerundete Wert eingetragen).

Die einleitende **2** in der 5. Gruppe zeigt an, daß eine weitere Temperaturangabe, und zwar die sogenannte Taupunkttemperatur folgt.; die **0** besagt, daß es sich wieder um eine Temperatur über 0 °C handelt; die dreistellige Zahl **110** enthält den Temperaturwert 11,0 °C.

Die **4** zu Beginn der 6. Gruppe informiert uns darüber, daß eine Angabe zum Luftdruck folgt, **0200** besagt, daß der Luftdruck 1020,0 hPa beträgt.

Die **5**, die erste Ziffer der vorletzten Gruppe, weist darauf hin, daß die Angabe zur Tendenz des Luftdrucks folgt, die **7** gibt an, daß der Luftdruck in den vergangenen drei Stunden gefallen ist, und zwar um 0,9 hPa, was durch **009** verschlüsselt wird.

Die einleitende **8** in der letzten Gruppe besagt, daß Angaben zur Bewölkungsart folgen, in der **1** wird verschlüsselt, daß der Himmel zu $^1/_8$ von niedrigen Wolken bedeckt ist, in der weiteren **1** wird gesagt, daß es sich um Haufenwolken (Cumulus, Cu) handelt, die darauffolgende **0** besagt, daß es keine mittelhohen Wolken gibt, und die weitere **0**, daß es keine hohen Wolken gibt.

Zur Übermittlung von Angaben über die Niederschlagsmenge, die Tiefst- und Höchsttemperatur und andere Wettererscheinungen dienen weitere Zahlengruppen.

Die Werte von Messungen, die mittels Radiosonden in höheren Luftschichten gewonnen werden, werden analog zu den durch Bodenwetterbeobachtungen ermittelten Werten verschlüsselt.

Obwohl sich der Meteorologe in der Masse der kodierten Nachrichten zurechtfindet, ist es für ihn schwer, sich eine Vorstellung von der Gesamtwetterlage zu machen. Zu diesem Zwecke werden alle kodierten Angaben explizit mittels meteorologischer Symbole in Wetterkarten eingetragen. Bis in die jüngste Vergangenheit wurden Wetterkarten vor allem manuell erstellt. Nunmehr wird diese Arbeit automatisch von Wetterrechnern bewerkstelligt.

Die Rolle von Welt-Wetter-Zentren wurde Washington, Moskau und Melbourne zugeordnet, wo die meteorologischen Diensten aller Länder zur Verfügung gestellt werden. Regionale Wetterzentren konzentrieren und verarbeiten die Daten der entsprechenden Regionen. An die Regionalzentren sind zahlreiche nationale Wetterzentren angeschlossen, die ihrerseits wiederum mit den einzelnen Wetterwarten verbunden sind. Zwischen den Welt-, Regional-, Nationalzentren sowie den einzelnen Wetterwarten werden fast pausenlos meteorologische Informationen ausgetauscht. Der Koordinator sämtlicher internationaler Zusammenarbeit auf dem Gebiet der Meteorologie ist die Meteorologische Weltorganisation (WMO, World Meteorological Organization) bei den Vereinten Nationen; sie hat ihren Sitz in Genf.

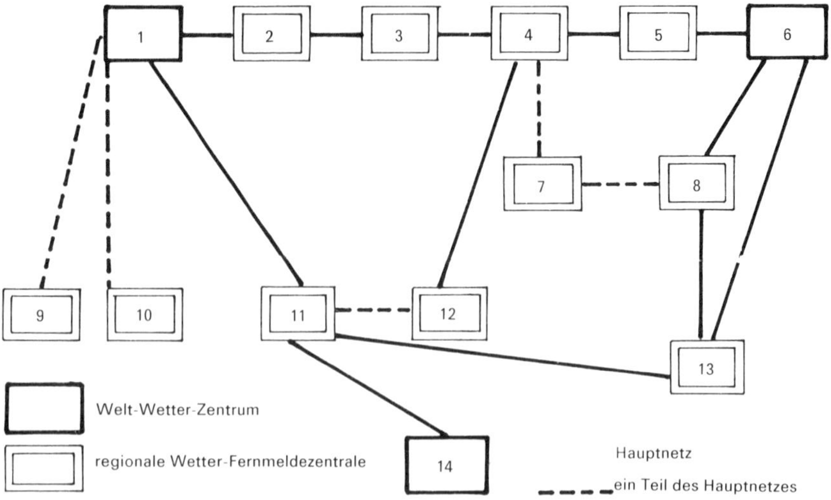

Oben: Schematische Darstellung des weltweiten Wetternachrichtenaustausches. 1. Washington, 2. Bracknell, 3. Paris, 4. Offenbach, 5. Prag, 6. Moskau, 7. Nairobi, 8. Kairo, 9. Buenos Aires, 10. Brasilia, 11. Tokio, 12. Peking, 13. New Delhi, 14. Melbourne

Unten: Schematische Darstellung regionaler Wetterzentren Europas. Das Hauptnetz verläuft über Bracknell, Paris, Offenbach und Prag nach Moskau. 1. Bracknell, 2. Brüssel, 3. Paris, 4. Offenbach, 5. Rom, 6. Norrköping, 7. Potsdam, 8. Warschau, 9. Prag, 10. Moskau, 11. Budapest, 12. Bukarest, 13. Wien, 14. Sofia, 15. Athen.

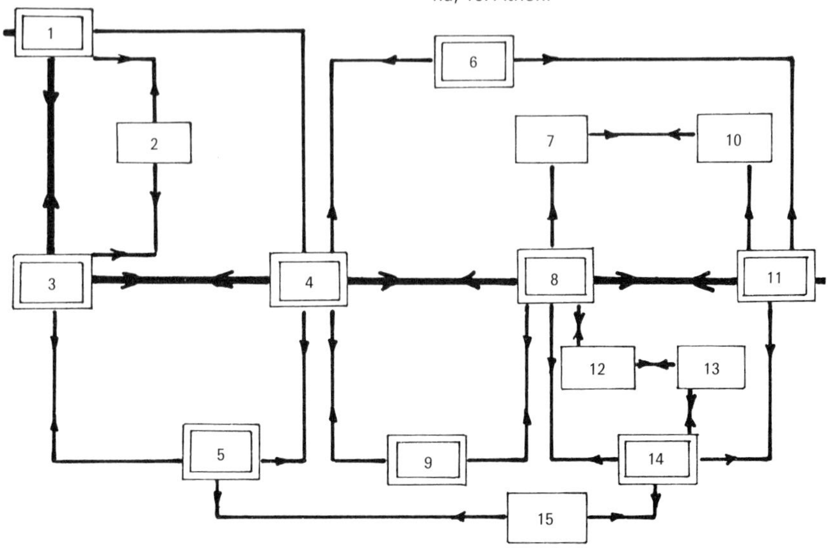

Wie aus Zahlen eine Wetterkarte entsteht

Das Gebäude des britischen Parlaments mit der Turmuhr und der berühmten Glocke Big Ben ist sicherlich vielen von uns bekannt. Wenn es vom Big Ben 12 Uhr Mittag schlägt, was 12 Uhr Weltzeit und zugleich 12 Uhr Ortszeit auf dem Meridian 0° entspricht, ist es für die Bewohner der östlichsten Gebiete der UdSSR auf dem Meridian 180° östlicher Länge genau Mitternacht.

Für den Wetterbeobachter ist dieses Zeitsignal der Weltzeit die Aufforderung, die regelmäßigen Wetterbeobachtungen durchzuführen bzw. die mit Radiosonden bestückten Wetterballons aufsteigen zu lassen. Es ist nämlich vereinbart, daß in der gesamten Welt Wetterbeobachtungen zu einheitlich festgelegten Zeitpunkten durchgeführt werden. Jede Wetterkarte muß auch mit der entsprechenden Zeitinformation versehen werden. Eine 12 auf einer Bodenwetterkarte bedeutet in diesem Zusammenhang, daß sie Angaben enthält, die genau um 12 Uhr Weltzeit (GMT) gemessen worden sind. Bodenwetterkarten werden heutzutage schon meist von Rechnern erstellt. Auf diesen Karten sehen wir eine Menge von Kreisen, die mit gefiederten Pfeilen versehen sind, und um die Kreise herum erscheinen einige Zahlen und Symbole (s. S. 64 unten). In der Fachsprache der Meteorologen werden solche mit Fähnchen, Zahlen und Symbolen versehenen Kreise meteorologische Spinne genannt.

Das handgezeichnete Detail einer Bodenwetterkarte

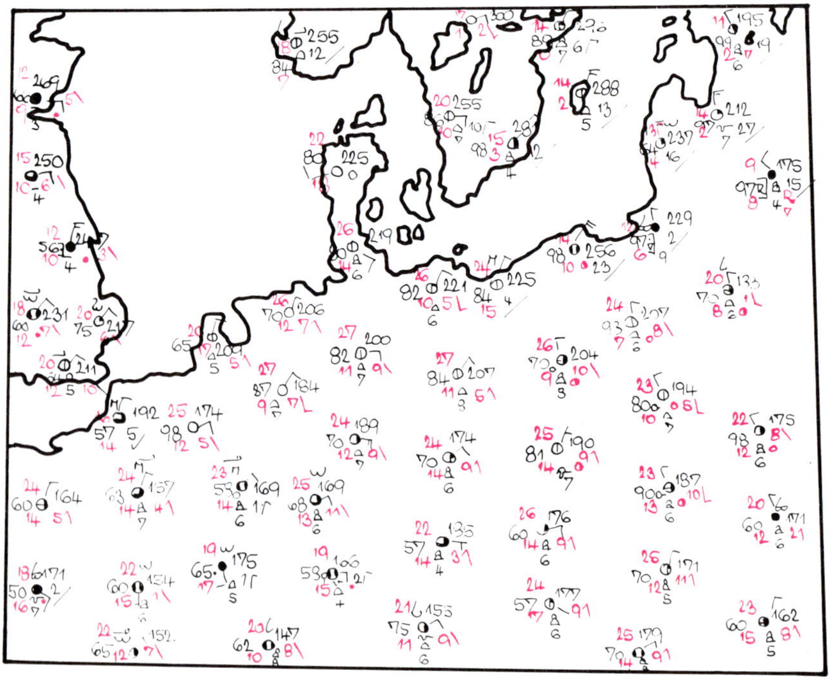

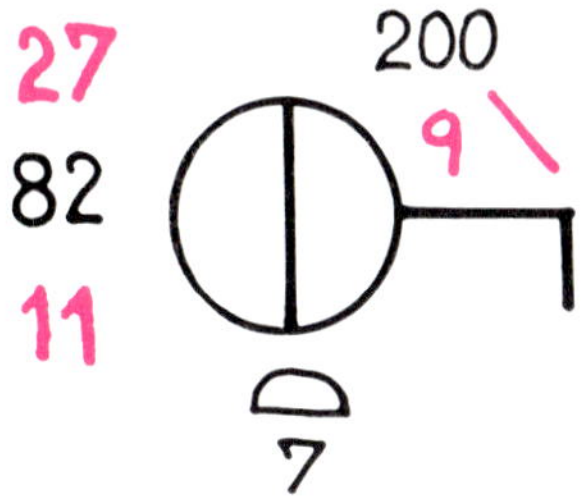

Eine meteorologische „Spinne" liefert eine umfassende Information zum Wetter an einem bestimmten Ort.

Unsere Spinne (Abb. oben) enthält eine Wetternachricht, die SYNOP heißt. Sie ist vom 23. Juni 1983, 12 Uhr Weltzeit und stammt aus Hannover. Der Kreis steht für den sichtbaren Himmelskreis und der Ausschnitt der geschwärzten Kreisfläche gibt an, zu wieviel Achteln der Himmel von Wolken bedeckt ist. In unserem Falle geht aus diesem Kreis hervor, daß es nur gering bewölkt war, d. h., daß es fast heiter war. Das am Kreis angebrachte Fähnchen informiert uns über Windrichtung und -stärke. Die Zahlen und das Symbol unter dem Kreis geben den Umfang und die Art der niedrigen Bewölkung an. Aus der schwarzen Zahl links vom Kreis könnten wir mittels Symboltafel erschließen, welche Sichtweite vorlag, und die schwarze Zahl oben rechts ist die wichtige Angabe, welcher Luftdruck umgerechnet auf Normalnull (NN) herrschte. In unserem Fall herrschte also in Hannover zum betrachteten Zeitpunkt ein Luftdruck von 1020,0 hPa. Die roten Zahlen links bedeuten, daß die Lufttemperatur 27 °C und die Taupunkttemperatur 11 °C betrug. Die rote Zahl und das rote Symbol rechts bedeuten, daß der Luftdruck während der vorangegangenen drei Stunden um 0,9 hPa gefallen ist. Meteorologen müssen in ihrer täglichen Arbeit Hunderte solcher Spinnen, und im Maßstab ganzer Kontinente, Ozeane oder sogar einer gesamten Erdhalbkugel, durchmustern.

Für einen Überblick über Wettererscheinungen in höheren Luftschichten reicht ein dünneres Netz von Stationen aus, als man es zur Gewinnung der Daten, die zur Erarbeitung der Bodenwetterkarte notwendig sind, benötigt. Die Angaben auf der Höhenwetterkarte informieren uns über ein Höhenniveau von etwa 1,5 km über NN, was dem Luftdruck 850 hPa entspricht, über die Windrichtung und -geschwindigkeit, über die Lufttemperatur und -feuchtigkeit. Analog hierzu werden in spezielle Karten Angaben eingetragen, die aus höheren Luftschichten stammen. Diese Arbeit übernehmen heute die Zeichen- bzw. Druckvorrichtungen der Wetterrechner.

Die analysierte Bodenwetterkarte (s. S. 66) informiert uns über das Wetter in Europa, über dem Atlantischen Ozean und an der Küste Kanadas. Dieses Gebiet ist für den Meteorologen groß genug, um sich ein Bild von der kurzfristigen Entwicklung der Luftbewegungen in Mitteleuropa machen zu können.

Die schwarzen Linien auf der Karte verbinden Orte gleichen Luftdrucks (umgerechnet auf NN) miteinander und heißen Isobaren. Über Südskandinavien sehen wir ein Hochdruckgebiet (Hoch), um das die Luft im Uhrzeigersinn strömt. Über Grönland befindet sich dagegen ein Tiefdruckgebiet (Tief), um das die Luft entgegen dem Uhrzeigersinn strömt. Die farbigen Linien veranschaulichen Fronten, die Luftmassen unterschiedlicher physikalischer Eigenschaften voneinander trennen. Bei blauen Linien handelt es sich um Kaltfronten, bei

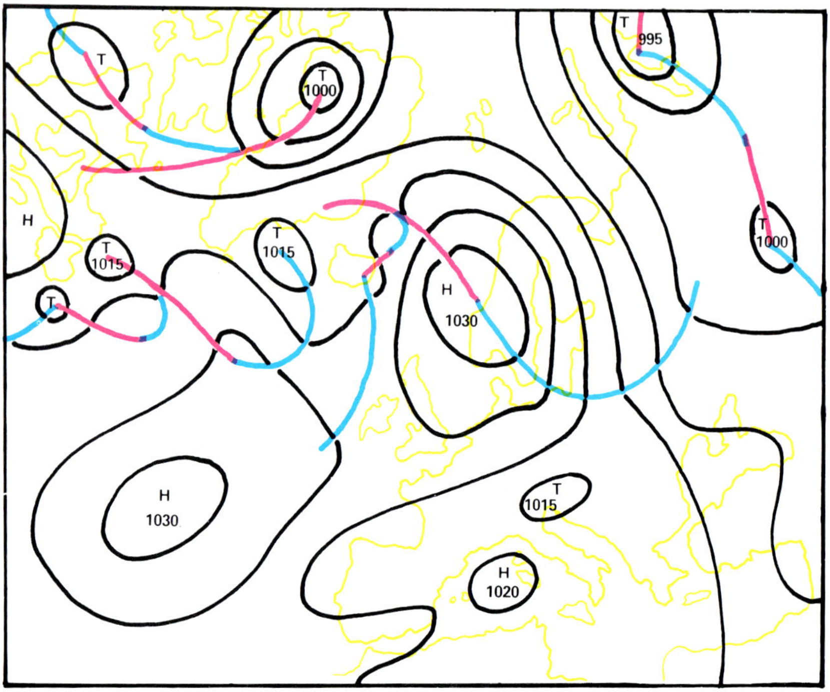

Die Analyse einer Bodenwetterkarte.

roten um Warmfronten. Nördlich von Island, wo eine rote und blaue Linie ineinander übergehen, befindet sich eine Okklusionsfront.

Eine Warm-, eine Kalt- und eine Okklusionsfront bilden zusammen ein Frontensystem mit einem Warmsektor zwischen der Warm- und Kaltfront (auf unserer Karte befindet er sich über der Nordsee).

Außer den Druckgebilden und Frontensystemen, die auf dieser schematischen Karte zu sehen sind, sind auf einer echten Arbeitskarte noch Gebiete ausgeprägter Drucktendenzen (d. h. die Druckänderungen innerhalb der vorangegangenen drei Stunden), Niederschlagsgebiete und weitere Wetterangaben eingezeichnet.

Um eine Bodenwetterkarte richtig analysieren zu können, muß der Meteorologe auch die Temperatur- und Druckverteilung in höheren Luftschichten kennen. Das gebräuchliche höchste Druckniveau in diesem Zusammenhang beträgt 850 hPa und gibt Aufschluß über die Druck- und Temperaturverhältnisse in einer Höhe von etwa 1500 m über dem Meeresspiegel. Die schwarzen Linien auf der Höhenwetterkarte verbinden Orte gleicher Höhe eines bestimmten Druckniveaus untereinander, in unserem Fall des Niveaus von 850 hPa, und werden Isohypsen ge-

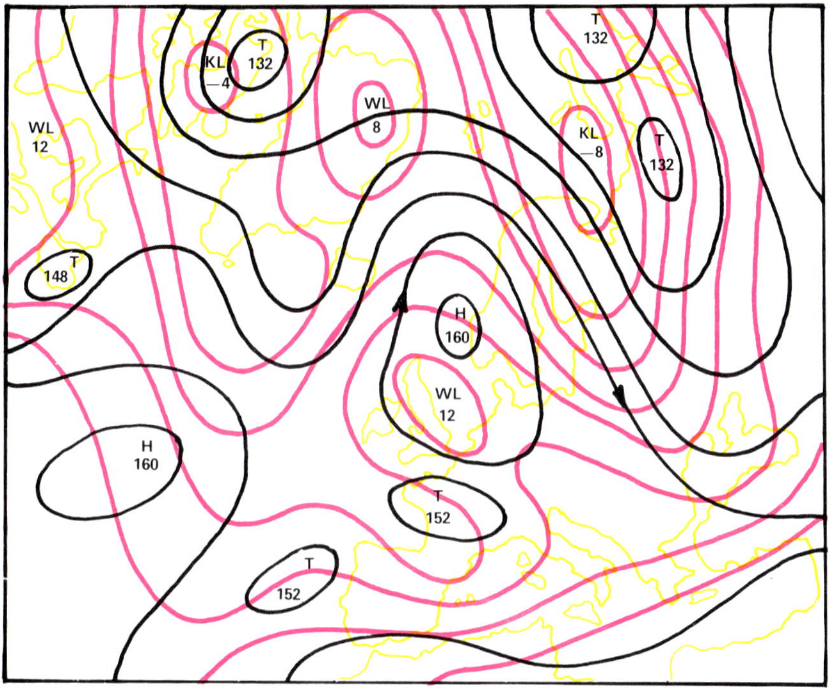

Die Analyse einer Höhenwetterkarte für den Druckwert von 850 hPa.

nannt. (Isohypsen entsprechen in gewissem Sinne den Höhenlinien, die wir aus der Geographie kennen.)

Die roten Linien verbinden Orte gleicher Temperatur auf dem gegebenen Druckniveau miteinander und werden Isothermen genannt. Sie vermitteln dem Meteorologen ein unverfälschtes Bild davon, wohin sich warme und kalte Luftmassen bewegen und wo auf der Bodenwetterkarte Warm- bzw. Kaltfronten zu suchen sind. Auf unserer Karte erkennen wir, daß auf der Vorderseite des Hochs über Skandinavien kalte Luft in die Ukraine einströmt, während über die Britischen Inseln Warmluft von Südost vordringt.

Analog ist es möglich, das Druckfeld und die Luftströmungen auf anderen Niveaus, meistens in einer Höhe von etwa 3 km (was 700 hPa entspricht) oder in einer Höhe von etwa 5 km (500 hPa) oder noch höheren Niveaus bis zur oberen Grenze der Troposphäre hin darzustellen. Für besonders wichtig wird das Niveau von 500 hPa erachtet, da dort die durch die Erdoberfläche verursachte Reibung bereits unbedeutend ist und die Luft so fast parallel zu den Isohypsen strömt. Wir sprechen von der Leitströmung, der entsprechend sich Frontensysteme — sowohl was die Geschwindigkeit als auch die Richtung anbelangt — fortbewegen.

Wenn ein Wind weht

Land- und Seewind

In der Einleitung haben wir kennengelernt, wie der Wind infolge der Wirkung der Kraft des horizontalen Druckgradienten und der durch die Erdrotation hervorgerufenen Scheinkraft entsteht. Wenn wir unseren Sommerurlaub am Meer verbringen, können wir feststellen, daß sich das Festland tagsüber weitaus stärker erwärmt als die obere Wasserschicht im Meer. So kommt es über dem Land zu aufsteigenden Luftströmungen und gleichzeitig zu einem Fallen des Luftdrucks. Die kältere Luft über dem Meer, wo der Druck höher ist, dringt aufs Festland vor, wo ein niedriger Druck herrscht. Dieser Wind wird Seewind genannt. Gleichzeitig strömt in einer Höhe von einigen Hundert Metern die Luft in entgegengesetzter Richtung vom Festland aufs Meer, so entsteht eine lokale Luftzirkulation zwischen der Küste und der angrenzenden See.

In den Subtropen beginnt der Seewind gegen Mittag zu wehen und dringt 20 bis 30 km aufs Festland vor. Dieser relativ kühle Wind bringt feuchtere Luft vom Meer mit sich und macht so den Aufenthalt am Strand angenehmer und bereitet — last not least — den Anhängern des Segelns und Windsurfings besondere Freude. Bei Sonnenuntergang hört der Seewind auf zu wehen. Zu Beginn der Nacht weht am Boden der sogenannte Landwind, der infolge der umgekehrten Temperaturverhältnisse vom Festland zum Meer weht (in größerer Höhe strömt die Luft wieder in umgekehrter Richtung vom Meer zum Festland). Die Geschwindigkeit dieses Landwindes ist geringer als die des Seewindes; der Landwind weht bis zu Entfernungen von 9 km von der Küste. In Europa sind See- und Landwinde besonders charakteristisch für das Schwarze und Kaspische Meer sowie die Ostsee.

Der auflandige Wind, der tagsüber in Küstengebieten am Meer und an sonstigen großen Wasserflächen entsteht, heißt **Seewind**. Er entsteht (wie alle Winde) infolge von Temperatur- und Druckdifferenzen, die sich in diesem Falle zwischen dem Festland und der See bilden.

Wind und Seegang

See- und Landwinde wehen vor allem im Sommer, und sie sind nicht die einzigen Winde, die wir auf See antreffen. Beim Durchzug von Wetterfronten entsteht über dem Meer ein weitaus stärkerer Wind, der die See- oder Landwinde überlagert. Außerdem sind die See- oder Landwinde bei Bewölkung schwächer. Gemäß dem Helmholtzschen Gesetz entstehen an der Trennfläche zweier sich mit unterschiedlicher Geschwindigkeit bewegender Medien Wellen. Das heißt, daß bei jedem Wind, der ja eine Luftbewegung darstellt, auf dem Meeresspiegel Wellen entstehen. Wir können uns davon überzeugen, wenn wir etwa einen leichten, auf der Meeresoberfläche schwimmenden Gegenstand beobachten. Die Wellen unterlaufen ihn, der Gegenstand wird angehoben, bewegt sich ein wenig in Windrichtung fort, sinkt ab und kehrt an seinen ursprünglichen Ort zurück. Das Analogon zu Meereswellen können wir an wogenden Getreidefeldern oder Wiesen beobachten. Das Prinzip dieser Wellen ist das gleiche wie beim Meereswasser, d. h. es bewegt sich nur die Wellenform vorwärts, nicht die einzelnen Wasserteilchen. Beim Auftreffen des Windes auf den Meeresspiegel entsteht dort eine schwingende Bewegung, die sich allmählich nach unten überträgt. Jede Welle hat ihren Berg oder Kamm und ihr Tal. Der Höhenunterschied zwischen Wellental und Wellenberg heißt Wellenhöhe. Die horizontale Entfernung zwischen zwei benachbarten Wellenbergen heißt Wellenlänge. Die Zeit, in der unser schwimmende Gegenstand vom Wel-

Seegang, hervorgerufen durch den Wind einer Kaltfront. Von ihrem Durchzug zeugen die sich auflösenden Haufenwolken. Die Wellenkämme beginnen schon hin und wieder zu brechen und tragen Schaumkronen (Windgeschwindigkeit etwa 3 bis 7 m/s).

Niedriger Seegang, hervorgerufen durch Wind mit einer Geschwindigkeit geringer als 3 m/s. Die schlechte Sicht weist auf die Anwesenheit sehr warmer Luft hin.

lenberg zum nächsten Wellenberg gelangen würde, heißt Wellenperiode. Wellenhöhe, -länge und -periode hängen von der Windgeschwindigkeit ab. Bei heftigen Gewittern können Wellen mit einer Höhe bis zu 15 m, einer Länge bis zu 800 m und einer Periode von 23 Sekunden entstehen.

Wir können beobachten, daß das Meer auch bei Windstille in Bewegung ist. Diese sogenannten reinen oder Dünungswellen haben ein abgerundetes Profil und rühren von entfernten Stellen her, wo sie, wie wir oben festgestellt haben, durch Auftreffen von Wind auf den Meeresspiegel entstanden sind. Treffen Wellen auf die Küste auf, entsteht die sogenannte Brandung.

Das Vorhandensein und die Intensität von Seegang kann auf der Grundlage der vorausgesetzten Wetterentwicklung vorausgesagt werden. Bei schlechtem Wetter, insbesondere bei Gewittern, ändern sich die Windstärke und -richtung zuweilen sehr schnell, was zu sehr unregelmäßigen Wellenbewegungen (auch bezüglich der Wellenhöhe) führt.

Der Wind ist allerdings nicht die einzige Ursache für das Entstehen von Meereswellen. Unerwartete, und dadurch besonders tückische Wellen können durch Seebeben oder küstennahe Erdbeben entstehen. Die so entstehenden Wellen heißen Tsunamis sie sind länger und flacher als die Wellen, die vom Wind hervorgerufen werden. Ein Tsunami kann bis über 100 km lang sein, etwa 1 m hoch und pflanzt sich mit einer Geschwindigkeit von etwa 100 km/h fort. Aus diesen Angaben ist ersichtlich, daß Tsunamis auf offener See kaum zu beobachten sind. Zerstörerische Wirkungen zeitigen sie allerdings, sobald sie sich einer Küste nähern. Infolge der abnehmenden Wassertiefe mit zunehmender Küstennähe verkürzt sich nämlich die Wellenlänge, vergrößern sich Periode und Höhe, und es entsteht so eine mächtige Brandung. Tsunamis treten vor allem im Pazifik auf.

Die wogenden Grashalme bewegen sich wie der Wasserspiegel einer windigen See.

Föhn, Bora, Mistral und anverwandte Winde

Der höchste Berg in Schottland, Ben Nevis, ist nur 1343 m hoch. Dennoch sind in seiner Umgebung schon viele Menschen infolge von Witterungsunbilden ums Leben gekommen. Der Grund für das dortige unwirtliche Wetter ist vor allem im Winter der Wind. Die Berge in Nordschottland sind die ersten Hindernisse für die ozeanischen Luftströmungen, die durch kräftige Tiefs, die von Südgrönland über Island nach Skandinavien wandern, hervorgerufen werden. Durch die Bergmassive werden die Luftmassen gewissermaßen komprimiert, wodurch sich die Windgeschwindigkeit erhöht. Genau so wie im Falle der Britischen Inseln wehen auch nach Skandinavien kräftige West-und Nordwestwinde. Die Küstengebirge in Norwegen sind jedoch viel höher, und so ist dort ein Aufenthalt in den Wintermonaten noch unangenehmer. Auch mitteleuropäische Gebirge wie das Riesengebirge und Erzgebirge bilden für West- bis Nordwestwinde ein natürliches Hindernis. Obgleich die Winde hier nicht direkt vom sturmgepeitschten Atlantik auftreffen wie im Falle von Schottland und Norwegen, so stellen diese Gebirge jedoch im Vergleich zum Norddeutschen Tiefland einen bedeutenden Widerstand dar. In den Kammlagen dieser Gebirge kann der Wind eine Geschwindigkeit von über 100 km/h erreichen. In der gleichen Höhe in den Alpen sind die Winde im Schnitt bedeutend schwächer. Das ist zum einen durch die relativ große Ausdehnung des Alpenmassivs bedingt, zum anderen dadurch, daß die südlicher gelegenen Alpen von den kräftigen Tiefs weiter entfernt sind, die vor allem über Skandinavien und die Ostsee hinwegziehen.

Beim Hinwegströmen über einen Bergrücken entstehen der sogenannte Föhn oder die sogenannte Bora. Beide gehören zu den sogenannten Fallwinden. Vergrößert sich in der Nähe eines Bergmassivs der horizontale Druckgradient, oder anders gesagt, nähert sich dem Bergmassiv ein Tief, nimmt die Windstärke zu. Das Berghindernis zwingt die Luftmassen auf der Luvseite zum schnellen Aufstieg. Dabei kommt es zu einer Abkühlung ohne Wärmeaustausch mit der Umgebung (einer sogenannten adiabatischen Abkühlung), die zur Kondensierung des in der Luft enthaltenen Wasserdampfes und damit zur Wolkenbildung bzw. zu Niederschlägen führt. Die Niederschläge fallen aus und die Luft verliert an Feuchtigkeit. Nach Passieren des Bergrückens „fällt" die Luft ins Tal, wobei es zu einer plötzli-

Die Alpen stellen ein großes natürliches Hindernis für Luftströmungen dar. Bei einer warmen südlichen Strömung entsteht hier der Föhn.

chen adiabatischen Erwärmung kommt. Diese Erwärmung ist leicht zu erklären, wenn wir wissen, daß die Zustandsgleichung der Gase pV = RT (s. S. 20) natürlich auch für Luft gilt. Durch das rasche Abfallen der Luft in das Tal kommt es zu einem plötzlichen Anstieg des Luftdrucks. Aus der Zustandsgleichung folgt dann, daß auch die Temperatur rasch ansteigen muß.

Der Föhn entsteht bei verschiedenen Strömungsrichtungen. Vor allem in den Alpen ist er gang und gäbe. Er wird zumeist von Südost-, Süd- und Südweströmungen hervorgerufen. Der Temperatureffekt wird noch dadurch verstärkt, daß die Luftmassen aus den warmen Mittelmeergebieten kommen. In den höher gelegenen Gebieten der Alpentäler wird der Föhn oft von einem Sturmwind begleitet, der beträchtliche Schäden anrichten kann. Weitere damit im Zusammenhang stehende Gefahren sind plötzlich einsetzendes Tauwetter, Lawinen und große Überschwemmungen. Gesundheitliche Beschwerden, wie etwa Kopfschmerzen, Müdigkeit, Depressionen, wie sie vom Föhn beim Menschen hervorgerufen werden, sind durchaus nicht unerheblich. In den Alpen tritt der Föhn vor allem im Frühling auf, manchmal auch im Winter und Herbst, im Sommer nur selten.

Der Föhn ist natürlich nicht nur eine Besonderheit der Alpen. Er tritt u. a. auf an den Nordhängen der Pyrenäen, an der Südküste des Kaspischen Meers, in den Karpaten, in der Hohen Tatra, in Sibirien, an den Grenzgebirgen der Tschechoslowakei, in den Neuseeländischen Südalpen und im Gebiet des Oberlaufs des Missouri in den USA. Ein föhnartiger Wind, Chinook genannt, weht im Winter und zu Beginn des Frühlings an den Osthängen der Rocky Mountains in den USA und bewirkt eine segensreiche Erwärmung im Gebirgsvorland in den Staaten Montana, Wyoming sowie Nord- und Süd-Dakota. Willkommen ist der Föhn ebenfalls an der Westküste Grönlands. Dort bewirkt er im Frühling und manchmal auch im Winter ein Ansteigen der Temperaturen über den Gefrierpunkt.

Ein warmer Fallwind entsteht manchmal auch in der freien Atmosphäre, es kommt aber dabei weder zur Kondensation von Wasserdampf noch zu Niederschlägen. Solch ein lokaler heißer Fallwind in der Atmosphäre ist zum Beispiel der ägyptische Chamsin, der sich über der sonnendurchglühten Sahara bildet. Er weht meistens im Frühling um die Mittagszeit herum, erreicht Orkanstärke und treibt in Kairo das Quecksilber im Thermometer bis auf 43 °C, wobei die relative Luftfeuchte nur ungefähr 10 % beträgt. Eine gefährliche Nebenerscheinung des Chamsins sind Sandstürme, wobei in der Luft soviel Staub und Sand enthalten sind, daß die Sonne nicht mehr zu sehen ist.

Samum ist die örtliche Bezeichnung

> Der **Föhn** ist ein trockener, warmer, oft starker und böiger Wind, der von den Bergen ins Tal weht.
> Die **Bora** ist ein kalter Fallwind, der beim „Überschwappen" von Kaltluft an einem Berghang entsteht.
> Der **Mistral** ist ein lokaler, kühler Wind, der von Nord oder Nordwest längs des Tales des französischen Flusses Rhône weht.

Durch den Föhn entstehen an der Luvseite der Berge Wolken, aus denen oft Niederschläge fallen. Die dabei freigesetzte latente Wärme trägt zur weiteren Ausprägung der Erwärmung bei, die mit dem Föhn einhergeht.

für einen ebenso trockenen wie heißen, von Sandstürmen begleiteten Wind in den Wüstengebieten Nordafrikas, der arabischen Halbinsel und Irans. Der feine Sand dringt bei solch einem Sturm nicht nur in Nase, Ohren oder Uhren ein, er gefährdet auch die Arbeit großer Maschinen, da er die empfindlichen Kugellager beschädigt. Der Sand wird zuweilen vom Wind über große Entfernungen hinweg getragen. Davon zeugen z. B. die sogenannten Blutregen in Italien, die dadurch entstehen, daß die trockene, mit Sand aus der Sahara vermengte Luft über dem Mittelmeer Feuchtigkeit aufgenommen hat. Sogar aus Mitteleuropa sind Fälle bekannt, wo Autofahrer sich über die feine Schicht afrikanischen Wüstensands wundern, der sich nach einer nächtlichen Erwärmung mit Regen auf den Dächern und Motorhauben ihrer Fahrzeuge abgesetzt hat.

Wir könnten noch zahlreiche weitere warme Winde mit ihren verschiedenen lokalen Bezeichnungen anführen. Wir wollen uns aber nun der Bora zuwenden. Sie entsteht, wenn Kaltluft über meist verschneite Gebirgskämme tritt. Durch die Schneedecke sinkt die Lufttemperatur weiter ab, und beim Hinabsteigen in das Tal bleibt ihre Temperatur trotz einer gewissen adiabatischen Erwärmung sehr niedrig. Typische Boras treten in der Küstenregion Jugoslawiens und Albaniens auf. Sie entstehen zumeist im Winter im Gefolge einer Wetterlage, bei der sich in Mitteleuropa ein Hoch gebildet hat, an dessen Vorderseite Kaltluft aus Nordosten auf den Balkan vordringt. Für die Meeresküste

Der brennend heiße Sand heizt die bodennahen Luftschichten auf und führt zu heißen Fallwinden.

bringen die Boras Abkühlung. In ihren Böen erreichen sie Geschwindigkeiten bis zu 100 km/h, und auf dem Meer wird ein starker Seegang hervorgerufen.

Durchschnittlich 46 Tage im Jahr tritt die Bora auch an der Schwarzmeerküste am Fuße des Kaukasus, insbesondere im Gebiet von Noworossisk, auf. Sie entsteht, wenn sich über dem europäischen Teil der Sowjetunion ein Hoch herausgebildet hat, an dessen östlichem und südlichem Rand Kaltluft bis zum Kaukasus vordringt. Infolge des beträchtlichen Druckgradienten, der eben durch dieses Gebirgsmassiv hervorgerufen wird, dringt die Kaltluft bis zur Schwarzmeerküste vor. Die Windgeschwindigkeit an der Küste überschreitet manchmal 100 km/h, aber über dem freien Meer legt sich der Wind.

Weniger bekannt ist eine Abart der Bora, die nach dem gleichnamigen Fluß Sarma genannt wird. Sie tritt vor allem im Herbst und zu Beginn des Winters an der Küste des Baikalsees in der UdSSR auf.

Eine andere Abart der Bora ist der Mistral. Dies ist ein starker, kühler Nord- oder Nordwestwind, der über das Französische Mittelgebirge und das Rhônetal in die südlichen Gebiete Frankreichs vordringt. An der Rhônemündung bewirkt er die charakteristische Neigung der Bäume nach Südost. Er weht dort durchschnittlich 175 Tage im Jahr. Der Wind verstärkt sich durch den sogenannten Düseneffekt, d. h. durch die Beschleunigung der Luftströmung an einer verengten Stelle (die Stromlinien verdichten sich an dieser Stelle). Der Mistral tritt oft überraschend auf und ist unerwartet heftig.

Der Strahlstrom

Nach dem 2. Weltkriege entwickelte sich das Flugwesen stark; ein fast modischer Begriff wurde der englische Ausdruck „jet stream", in deutscher Übersetzung Strahlstrom. Der Strahlstrom ist ein sehr starker Wind, der in den höheren Schichten der Troposphäre entsteht. Für große moderne Flugzeuge, deren Besatzung über seine Existenz informiert ist, ist er jedoch nicht gefährlich. Liegt die Flugroute in Richtung dieser Strömung, kommt es sogar zu einer beträchtlichen Treibstoffeinsparung. Fliegt man gegen diesen Wind, muß man mit einem erhöhten Treibstoffverbrauch rechnen.

Der Strahlstrom wird häufig nicht ganz zutreffend mit Meeresströmungen verglichen oder wird durch einen die gesamte Nord- oder Südhalbkugel umspannenden Lufttunnel veranschaulicht. Als nach dem 2. Weltkrieg die Analyse von Höhenwetterkarten immer mehr zum normalen Bestandteil der alltäglichen Arbeit der Meteorologen wurde, wurden die Begriffe Strahlstrom oder Jetstream genau so geläufig wie etwa die Begriffe Tief oder Frontalstörung. Überdies hängt der Jetstream eng mit Tiefdruckgebieten und Frontalstörungen zusammen. Der intensivste Strahlstrom entsteht in den gemäßigten Zonen (manchmal auch in den Subtropen). Eine Erklärung finden wir auf der Karte

Der Strahlstrom in Höhe der 500-hPa-Fläche. Am deutlichsten ist er über den Britischen Inseln ausgeprägt.

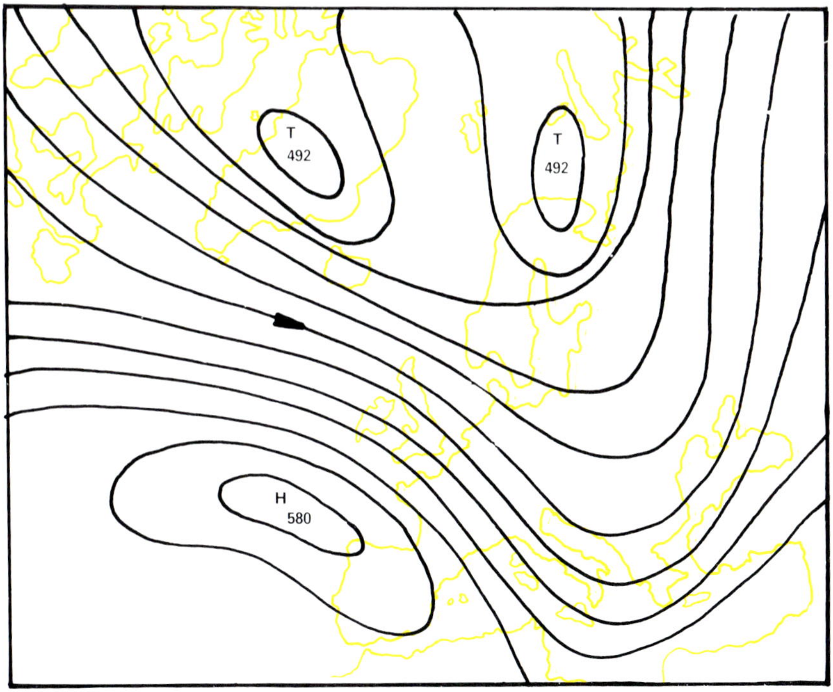

len, dort ist dann auch die Windgeschwindigkeit am höchsten. Die Karte stellt die Höhenverhältnisse bei einem Druckniveau von 500 hPa dar, d. h. die Luftströmungen in einer Höhe von ungefähr 5 km. Der Jetstream erreicht seine höchste Geschwindigkeit erst oberhalb dieses Niveaus und ist noch in einer Höhe von 10 km zu verzeichnen, ungefähr dort, wo Faserwolken und Kondensstreifen entstehen. Kondensstreifen entstehen durch erhöhte Luftfeuchte; in den Abgasen der Flugzeugmotoren sind ja Wasserdampf und Kondensationskerne vorhanden. Ein Düsenflugzeug, das bei dieser Wetterlage von Kanada nach Europa flöge, würde weniger Zeit und Treibstoff brauchen als bei einem Flug in entgegengesetzter Richtung.

Die Kondensstreifen hoch über dem Horizont entstehen vor allem dadurch, daß die Abgase von Flugzeugturbinen Wasserdampf enthalten. Am Ort ihrer Entstehung ist oft der Strahlstrom anzutreffen.

(S. 77), die das Druckfeld auf einem Niveau von 500 hPa zeigt. Über Grönland und Skandinavien haben sich kräftige Tiefs herausgebildet, während in der Nähe von Spanien ein kräftiges Hoch festzustellen ist. Da der Druckunterschied zwischen dem Tief über Grönland und dem Hoch über Spanien sehr groß ist, liegen auch die Isohypsen zwischen diesen beiden Druckgebilden sehr eng beieinander. Die höchste Verdichtung der Isohypsen ist über dem Gebiet der Britischen Inseln festzustel-

Die Meteorologische Weltorganisation (WMO) definiert den Strahlstrom folgendermaßen: Der **Strahlstrom** ist ein starker, verglichen mit der Gesamtzirkulation der Atmosphäre relativ enger Luftstrom, der um seine scheinbar horizontale Achse in der oberen Troposphäre, eventuell auch in der unteren Stratosphäre, konzentriert ist. Er zeichnet sich durch eine starke vertikale sowie seitliche Abnahme der Windgeschwindigkeit, durchschnittlich um mehr als 100 km/h, aus.

Hurrikane

Hurrikane, Taifune und Zyklone sind den Bewohnern gemäßigter Zonen relativ fremde Begriffe, aber dank dem schnellen Austausch von Informationen im globalen Maßstab erfahren auch wir vom Auftreten dieser Wirbelstürme in weit entfernten Gebieten.

Da diese Wirbelstürme seit eh und je ein Schrecken für die Bewohner der entsprechenden Küstenregionen darstellen, versuchen die Meteorologen ihr Auftreten zu lokalisieren. Man stellte fest, daß sie auf der Nordhalbkugel vor allem in den Küstengebieten des Karibischen Meers, des nördlichen Indischen Ozeans sowie in den ostasiatischen und japanischen Küstenregionen auftreten. Auf der Südhalbkugel sind sie an der Ost- und Westküste Australiens und der Ostküste von Afrika und Madagaskar anzutreffen. Sie kommen also überwiegend in den westlichen Teilen der Ozeane vor, in Gebieten also, wo die ständig wehenden Passatwinde genügend Feuchtigkeit mit sich bringen. Diese Winde wehen nämlich auf der Nordhalbkugel beständig vom Nordosten und auf der Südhalbkugel vom Südosten, d. h. also über die riesigen Weiten der Weltmeere, wo sie Feuchtigkeit aufnehmen.

Die Gebiete des häufigsten Auftretens tropischer Zyklone (Tiefdruckgebiete)

Hurrikane entstehen aus kräftigen Tiefs über dem tropischen Teil des Atlantischen Ozeans, **Taifune** aus ebensolchen Tiefs im Pazifik. **Zyklone** entstehen aus Tiefs (Zyklonen) über dem Indischen Ozean.

Obwohl wir durch die Entwicklung des Flugwesens und der meteorologischen Meßtechnik eine ganze Reihe von Daten über die tropischen Tiefs gewinnen können, kennen wir den Mechanismus für die Entstehung der tropischen Wirbelstürme (der Umwandlung von Sonnenenergie in kinetische Energie) noch nicht genau. Den höchsten Energiebetrag nehmen die Tiefs aus der sogenannten latenten Wärme auf, die bei der Kondensation von Wasserdampf frei wird. Voraussetzungen für ihre Entstehung sind das warme Meer, die hohe Luftfeuchte und die hohe Instabilität der Luftschichtung, was aufsteigende Luftströmungen begünstigt. Bei hoher Luftfeuchte kondensiert der Wasserdampf relativ dicht über dem Wasserspiegel, und die freigesetzte latente Wärme er-

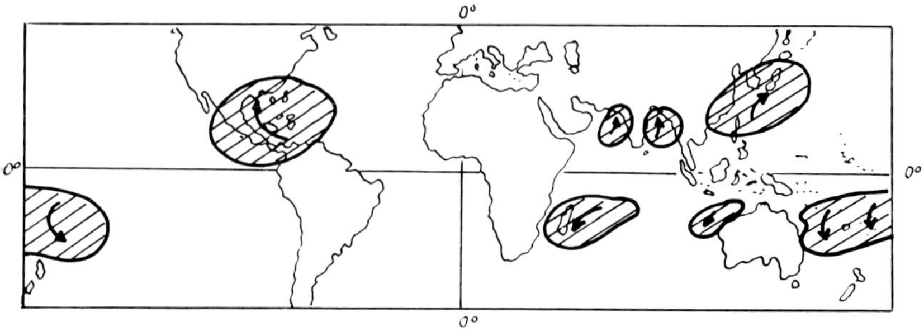

höht noch die Labilität der Luftschichtung. Dadurch entstehen sehr schnell aufsteigende Luftströmungen, der Luftdruck über dem Meeresniveau fällt stark, es entsteht ein sehr kräftiges Tief, das im Vergleich zu den Tiefs in den gemäßigten Zonen nur eine geringe horizontale Ausdehnung hat. Der Durchmesser tropischer Tiefdruckgebiete beträgt ungefähr 700 km, er kann aber auch kleiner als 100 km sein. Dagegen ist ihre vertikale Ausdehnung gewaltig, sie reicht bis zur oberen Grenze der Troposphäre, die ja in den Tropen in einer Höhe von 15 bis 18 km liegt. Der niedrigste Luftdruck ist wie bei allen Tiefs im Kern festzustellen. Er liegt bei 960 hPa und tiefer. Untersuchungen aus Flugzeugen haben ergeben, daß in diesem Kern — Auge des Hurrikans (Zyklons, Taifuns) genannt — zumeist heiteres und ruhiges Wetter herrscht. Rund um dieses Auge befinden sich Wolkenwände mit einer Breite von 30 bis 150 km, dort herrschen Windgeschwindigkeiten bis zu 300 km/h, es kommt zu heftigen Gewittergüssen und Hagelschlag. Der horizontale Druckgradient ist sehr stark; er bewirkt die extrem rasche Luftströmung, so daß die Eintragung der Isobaren in übliche Wetterkarten beschwerlich oder sogar unmöglich ist.

In Gebieten, wo es nur wenige Wetterstationen gibt, konnten tropische Tiefdruckgebiete nur selten auf der Wetterkarte festgehalten werden. So konnten die tropischen Wirbelstürme sich ohne Vorwarnung in den Küstenregionen austoben. Heutzutage entgehen sie jedoch dank künstlichen Erdsatelliten und dem meteorologischen Radar nicht der Aufmerksamkeit der Meteorologen. Die Entstehung von Hurrikanen, Taifunen und Zyklonen überwachen vor allem geostationäre Satelliten, deren Umlaufgeschwindigkeit der Erdrotation so angepaßt ist, daß sie wie an einem Punkt über dem Äquator aufgehängt erscheinen.

Außer der Rotationsbewegung vollführen die tropischen Wirbelstürme eine fortschreitende Bewegung, und wenn sie bewohnte Gebiete erreichen, sind ihre Auswirkungen katastrophal. Eine rechtzeitige Warnung kann jedoch die Zahl von Menschenopfern und das Ausmaß der materiellen Schäden vermindern. Ein Nebeneffekt der tropischen Tiefs ist hoher Seegang, der nach allen Richtungen etwa dreimal so schnell fortschreitet wie der Wirbelsturm selbst.

„Reste" der tropischen Wirbelstürme treffen wir noch in Europa an. Aus der Karibik ziehen die Wirbelstürme anfänglich zumeist nach Norden oder Nordwesten fort. Später schwenken sie nach Nordosten ab, gelangen so in nördlichere Gebiete des Atlantiks, wo sie in die atmosphärische Zirkulation der gemäßigten Zone hineingezogen werden. In Gestalt üblicher und oft noch ziemlich kräftiger Tiefs können sie mit Frontensystemen bis nach Mitteleuropa gelangen.

Die katastrophalen Folgen von tropischen Tiefs veranlaßten die Meteorologen dazu, mit Hilfe von Satelliten und Radar in den betreffenden Gebieten ein Warnsystem aufzubauen. Es wurde auch versucht, ihre zerstörerische Gewalt künstlich zu dämpfen. Das Prinzip dieser Versuche besteht darin, daß Silberjodidteilchen in das Wolkensystem des Hurrikans transportiert werden, wodurch die Regentropfenbildung beschleunigt werden kann; der Wirbelsturm wird so veranlaßt, sich außerhalb von bewohnten Gebieten „auszuregnen". Gelangt Silberjodid in die Nähe unterkühlter Regentropfen, bilden sich

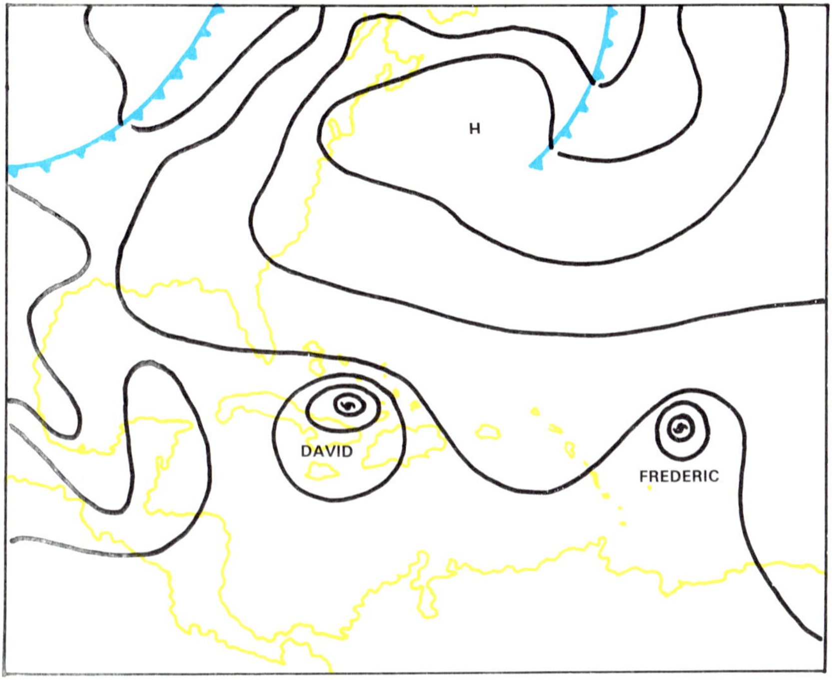

Die Analyse der Bodenwetterlage vom 2. 9. 1979. Über Kuba ist ein entwickelter Hurrikan namens David, östlich von Kuba der Hurrikan Frederic eingezeichnet. Nördlich der tropischen Tiefdruckgebiete herrscht in einem Hochdruchgebiet Schönwetter.

Eiskristalle. Mit der Änderung des Aggregatzustandes wird in den oberen Schichten des Wirbelsturms latente Wärme frei, der vertikale Temperaturabfall und somit die vertikale Labilität verringern sich, folglich verringert sich auch die kinetische Energie.

Ein nahezu ungelöstes Problem ist die Vorhersage von Tornados. Ihr Durchmesser ist verhältnismäßig klein, er beträgt 200 bis 300 m; ihre Lebenszeit ist kurz. Deshalb können sie auf Wetterkarten weder festgehalten noch verfolgt werden. Die Geschwindigkeit von Tornados ist um vieles größer als die von Hurrikanen.

Auf der Nordhalbkugel treten die tropischen Wirbelstürme vor allem im Spätsommer sowie im Frühherbst auf. Sie werden mit Namen in alphabetischer Reihenfolge bezeichnet. In der Vergangenheit waren es Mädchennamen, vielleicht deshalb, weil das Verhalten der Wirbelstürme genau so unergründlich ist wie das Verhalten von Frauen. Seit 1979 herrscht auch auf diesem Gebiet Gleichberechtigung, und es wurden Wirbelsturmnamen wie Bob, David, Frederic usw. vergeben.

Atmosphärische Niederschläge

Kondensation von Wasserdampf

In aufsteigender Luft kondensiert Wasserdampf und es bilden sich Wolken; sie bestehen aus sichtbaren Wasser- oder Eisteilchen, die in der Luft schweben. Diese Teilchen können sich vergrößern und kehren so früher oder später zur Erde zurück. Die auf die Erdoberfläche auftreffenden atmosphärischen Niederschläge heißen Hydrometeore. Die Art des Hydrometeors hängt von der geographischen Lage, der Jahreszeit und der Wolkenart, welcher er entstammt, ab.

In einer Gewitterwolke, die durch kräftige auf- und absteigende Luftströmungen gekennzeichnet ist, kommt es rasch zur Kondensation von Wasserdampf. Die Wassertropfen wandern in der Wolke einige Male auf- und abwärts, vereinigen sich so mit weiteren Tropfen zu relativ großen Tropfen. Der Hydrometeor, der sich in der weiteren Entwicklungsphase aus den Gewitterwolken ergießen wird, heißt Regen. Es wird aber kein Dauer-, sondern ein schauerartiger und lokal eng begrenzter Regen sein. Der Hydrometeor Regen wird als flüssiger atmosphärischer Niederschlag definiert, der aus Wassertropfen besteht, die einen Durchmesser von über 0,5 mm haben oder die eventuell auch kleiner und dafür sehr fein verteilt sind. Die Intensität der Niederschläge hängt vom Wasserdampfgehalt in der Luft, von aufsteigenden Luftströmungen und davon ab, ob die Wolke im Zusammenhang mit einer Kaltfront oder durch eine lokale Lufterwärmung entstanden ist.

Mittels des Wetteı radarschirms kann der Meteorologe noch mehr über die Gewitterwolke erfahren, insbesondere welche vertikalen Ausmaße sie besitzt; die vertikale Ausdehnung ist direkt proportional zur Niederschlagsintensität. Den meteorologischen Untersuchungen

Nach der Zusammensetzung und den Entstehungsbedingungen teilen wir die atmosphärischen Erscheinungen, die sogenannten Meteore, folgendermaßen ein:

1. **Hydrometeore**, die im wesentlichen aus Wasser bestehen, z. B. Regen, Schnee, Nebel, Dunst, Hagel, Tau;
2. **Elektrometeore**: Gewitter und andere elektrische Erscheinungen in der Atmosphäre;
3. **Photometeore**: Regenbogen, Morgen- und Abendrot sowie weitere optische Erscheinungen in der Atmosphäre;
4. **Lithometeore**: Aggregationen von festen Partikeln, vor allem von Staub, Sand und Rauch in der Atmosphäre.

Die Untergrenze einer Gewitterwolke. Einem Beobachter auf der Erde erscheint die Wolke um so dunkler, je mächtiger sie in vertikaler Richtung aufgetürmt ist.

mittels Radar und der unverzüglichen Verbreitung der gewonnenen Informationen wird heutzutage große Aufmerksamkeit geschenkt. Im Zusammenhang damit taucht der neue, aus dem Englischen übernommene Begriff „nowcasting" auf. Es handelt sich um eine Wettervorhersage für eine sehr kurze Frist (in der Größenordnung von Stunden). Informationen über die Niederschlagsintensität sollten sehr rasch, etwa mittels kleiner tragbarer Fernsehgeräte, zu den Bauern auf dem Feld, den Fischern auf dem Meer und zu allen, deren Tätigkeit vom Wetter abhängig ist, sowie in die breite Öffentlichkeit gelangen.

Haufen- und Schichtwolken

Außer der Wolkengestalt fasziniert uns oft auch die Farbe der Wolken. Helle Farbtöne verleihen den Wolken ein ruhiges, friedliches Aussehen, dunkle Wolken wirken unheilverheißend. Die Färbung hängt von der Farbe des auf die Wolken einfallenden Lichts ab, davon, wie hoch die Sonne über dem Horizont steht, und vor allem von der Mächtigkeit der Wolke. Die dunkle, bedrohliche Färbung wird vor allem durch die beträchtliche Dicke der Wolkenschicht, die in diesem Falle in der Regel einige Kilometer beträgt, bewirkt. Haufenwolken können manchmal den gesamten Horizont bedecken.

Schichtwolken sind von anderer Art. In der Vertikale sind sie viel bescheidener entwickelt, dafür bedecken sie große Gebiete des Festlandes oder der Weltmeere, die sich über einige Hunderte Kilometer ausdehnen können. Bei Temperaturen über Null ergießt sich aus diesen Wolken der Hydrometeor Regen, ebenso wie aus Gewitterwolken. Zur Kondensation von Wasserdampf und Entstehung von Wassertropfen kommt es ebenso wie bei Gewitterwolken aufgrund von aufsteigenden Luftströmungen. Diese Luftströmungen sind jedoch langsam, treten an Warmfronten auf, der so entstehende Regen ist nicht gußartig, er ist vielmehr ein Dauerregen, die Regentropfen sind kleiner als beim Gewitterguß. Die Menge der gefallenen Niederschläge hängt von den Eigenschaften der Luft ab, vor allem von ihrem Feuchtigkeitsgehalt. Aus

Sich auflösende Schichtbewölkung in der Randzone einer Warmfront

Haufenwolken mit geringer vertikaler Entwicklung und großer horizontaler Beweglichkeit

ozeanischer Luft entstehende Schichtwolken führen zu ausgiebigen und lang andauernden Regenfällen. In kontinentaler Luft entsteht auch oft Schichtbewölkung, es kommt aber nur zu schwachen oder gar keinen Niederschlägen. In den Randgebieten einer Warmfront ist die Schichtbewölkung außerdem beträchtlich aufgelockert.

Eine gewaltige Gewitterwolke direkt über dem Standort eines Beobachters

Nieselregen

Eine zusammenhängende, niedrige Wolkenschicht, die mit schlechtem, trübem Wetter einhergeht, heißt entweder Nimbostratus (Ns) oder Stratus (St). Aus Wolken vom Typ Ns — ihre Dicke beträgt oft einige Kilometer — fällt ein intensiver, lang anhaltender Regen. Aus Wolken vom Typ St — gewöhnlich sehen sie grau aus — fällt bei Temperaturen über Null Nieselregen. Dieser atmosphärische Niederschlag besteht aus Tropfen, die im Durchmesser kleiner als 0,5 mm sind, und er ist ein weiterer Hydrometeor. Die kleinen Tropfen fallen sehr langsam, manchmal schweben sie sogar und halten sich so sehr lange in der Luft. In der Nähe von Warmfronten können Niesel- und gewöhnlicher Regen, der aus größeren Tropfen besteht, gleichzeitig fallen.

Bei der Analyse der Wetterkarte findet der Meteorologe das Symbol für Nieselregen meist in den Warmsektoren nach dem Durchzug einer Warmfront und vor dem Eintreffen einer Kaltfront. Meistens tritt Nieselregen in seenahen Gebieten auf, wo in der Luft ein Feuchtigkeitsüberschuß vorhanden ist. Er ist natürlich auch aus Gebieten bekannt, die weit vom Meer entfernt sind und in denen Kontinentalklima herrscht. Nieselregen kommt auch in Gebirgstälern und -niederungen vor, wo vor allem im Herbst Schichtbewölkung infolge von Temperaturinversion entsteht. Auf den Berggipfeln kann es dabei durchaus heiter sein, und von Niederschlägen ist dort nichts zu spüren. In Industriegebieten werden die in der Luft verteilten Verunreinigungen durch den Nieselregen zur Erde transportiert und setzten sich als Schmutzschicht ab.

Lang anhaltender Nieselregen in der Vegetationszeit begünstigt Schimmelkrankheiten an Pflanzen und ist so ein Feind der Landwirte. In diesem Lichte besehen ist auch der Nieselregen eine gefährliche Wettererscheinung.

Ein Dauerregen ist in Nieselregen übergegangen, die horizontale Sicht hat sich bedeutend verschlechtert. Dies kann beim Durchzug einer Warmfront beobachtet werden.

Glatteis und Eisglätte

Zu einer weitaus gefährlicheren Wettererscheinung wird der Nieselregen im Winter, wenn sich die Lufttemperaturen um 0 °C bewegen. Gefrierender Nieselregen ist definiert als ein Hydrometeor, dessen Tropfen beim Auftreffen auf die Erdoberfläche oder auf darauf befindliche Gegenstände oder auf in der Luft befindliche Flugzeuge gefrieren.

Zunächst betrachten wir den auf der Erdoberfläche gefrierenden Nieselregen. Er tritt nur selten auf, um so tückischer und gefährlicher ist er sowohl für Führer von Straßenfahrzeugen als auch für Fußgänger. Es sind Fälle von so intensiv gefrierenden Nieselregen oder auch Regen bekannt, daß sämtlicher Straßenverkehr zum Erliegen kam. Die Oberfläche der Fahrbahnen war mit einer so starken und zusammenhängenden Eisschicht bedeckt, daß man darauf Schlittschuh fahren konnte; die Frontscheiben der Autos bedeckten sich so schnell mit einer starken Eisschicht, daß weder die Scheibenwischer noch die Heizung ihren Zweck erfüllen konnten.

Vom meteorologischen Standpunkt aus kommt es besonders dann zum gefrierenden Sprühregen, wenn in einer Höhe von 1 bis 5 km wärmere Luft zuströmt und wenn gleichzeitig in der bodennahen Luftschicht Temperaturen unter 0 °C herrschen (es liegt also eine Inversion vor). Die Wassertropfen, die aus Schichtwolken fallen, durchqueren auf ihrem Wege eine Luftschicht, wo Temperaturen unter 0 °C herrschen, und werden so unterkühlt; sie können ausnahmsweise auch noch bei sehr niedrigen Temperaturen von –20 bis –30 °C im flüssigen Zustand verbleiben. Beim Auftreffen auf einen kalten Gegenstand oder die Erdoberfläche gefrieren sie sofort und bilden eine zusammenhängen-

Durch eine Warmfront ist das Schneien in Nieselregen übergegangen. Beim Auftreffen auf die kalte Erdoberfläche entsteht oft Eisglätte.

Glatteis ist eine zusammenhängende Eisschicht, die entsteht, wenn unterkühlte Wassertropfen auf feste Gegenstände oder die Erdoberfläche auftreffen.
Bei **Eisglätte** liegt eine zusammenhängende Eisschicht vor, die entsteht, wenn Wasser auf der Erdoberfläche gefriert.

de gefährliche Schicht, die Glatteis genannt wird. Manchmal bildet sich Glatteis auf gefrorenen Schneeresten, die Schneedecke trägt dann zur weiteren Auskühlung der bodennahen Luftschichten bei.

Manchmal wird Eisglätte fälschlicherweise als Glatteis bezeichnet. Den Boden bedeckende Eisschichten entstehen aber folgendermaßen:

a) Nichtunterkühltes Wasser, das als Regen oder Nieselregen fällt, gefriert auf der Erdoberfläche;

b) Wasser, das aus völlig oder teilweise getautem Schnee stammt, gefriert nach einer Tauperiode wieder;

c) Schneematsch oder zerfahrener Schnee gefriert zu Eis.

Glatteis und Eisglätte können gemeinsam auftreten; allerdings entsteht zuerst eine Eiskruste, worauf sich Glatteis bildet. Daß umgekehrt auf die Oberfläche des Glatteises Wasser auftrifft, das sich in eine Eisschicht verwandelt, ist sehr wenig wahrscheinlich.

Die Landstraße ist noch befahrbar, aber in ein paar Stunden müssen Schneepflüge eingesetzt werden, um die Schneewehen zu beseitigen.

Schneeartige Hydrometeore

Der geschulte Wetterbeobachter muß in der Lage sein, den Schneefall als schwach oder mäßig oder stark, als anhaltend oder schauerartig zu charakterisieren. Der Schneefall kann auch als fein oder ergiebig charakterisiert werden, es können auch Schneeklumpen fallen. Der Skifahrer sieht den gefallenen Schnee als Feder- oder Pulverschnee, stellt fest, ob er trocken oder naß ist.

Alle schneeartigen Hydrometeore gehören zum Winter. Wie lange sie auftreten, hängt von der geographischen Breite und der Höhe über dem Meeresspiegel ab. Die Intensität und die Menge des gefallenen Schnees in Europa hängt vom Einfluß des Atlantischen Ozeans und von der konkreten Wetterlage ab. Zu den ergiebigsten Schneefällen kommt es in Skandinavien, und zwar vor allem in den norwegischen Küstengebirgen. In West- und Mitteleuropa lösen im Winter in niedrigeren Lagen Schnee- und Regenfälle einander ab. Wenn arktische Kaltluft an Fronten mit ausgeprägten Temperaturkontrasten nach West- oder Mitteleuropa vordringt, kann auch hier der Schnee zu einer unangenehmen oder gefährlichen Wettererscheinung werden. Schneekalamitäten, wo Straßenfahrzeuge oder ganze Züge steckenbleiben, sind nicht nur aus den Alpengebieten, sonderns aus fast allen europäischen Ländern bekannt.

Schneeartige Hydrometeore sind folgende:

1. **Schnee,** der aus zumeist sternförmigen Eiskristallen besteht;
2. **Schneegraupeln** von kugel- oder kegelförmiger Gestalt, deren Ausdehnung 2 bis 5 mm beträgt;
3. **Griesel**, der aus weißlichen, undurchsichtigen, abgeflachten oder länglichen Eiskörnchen besteht, deren Ausdehnung kleiner als 1 mm ist.

Exponierte Strecken der Auto- und Eisenbahnen muß man vor Schneewehenbildung schützen.

Westliche ozeanische Strömungen führen im Winter relativ warme Luftmassen nach Mitteleuropa; Regen und Schneefälle lösen einander ab. Der nasse Schnee setzt sich dann auch an den dünnen Zweigen von Bäumen und Sträuchern fest.

In Europa gilt: Je geringer der Einfluß des Atlantischen Ozeans ist, desto weniger Schnee fällt. Skifahrer wissen, daß in den Alpen zumeist gute Schneeverhältnisse vorliegen; allerdings gibt es auch dort Winter mit Schneemangel. Verglichen mit den Alpen sind die Hohe Tatra und die Karpaten schneearme Gebiete. Auch die herrlichen Wintersportgebiete im Kaukasus sind oft wegen Schneemangels nicht als solche nutzbar. Im Mittelmeergebiet kommt es im Winter eher zu Regen als zu Schneefall, aber im Hochgebirge sind auch dort gute Wintersportbedingungen gegeben. Ein Beispiel dafür ist die Sierra Nevada in Südspanien, wo in Höhenlagen über 2000 m über dem Meeresspiegel Wintersport von Oktober bis Mai möglich ist. Auch im Frühsommer, wenn im Tal in Granada das Thermometer bis zu 40 °C anzeigt, sind die Berggipfel zumeist noch schneebedeckt.

Auch in den jugoslawischen und griechischen Bergen fällt genügend Schnee. An den Mittelmeerküsten ist Schneefall eine Seltenheit. Dringt aber vom Norden arktische Luft bis in diese Region vor, können sich auch ägyptische, marokkanische oder algerische Kinder an Schneeflocken erfreuen.

Wie Schnee und Regen entstehen

Im Wetterbericht können wir oft hören, daß es zu Regen und in höheren Lagen zu Schneefall kommen wird. Der Meteorologe, der diese Prognose erarbeitet, hat die Höhe der Null-Isotherme in einer höheren Luftschicht angenommen, z. B. ungefähr in einer Höhe von 700 m über dem Meeresspiegel. Die atmosphärischen Niederschläge bilden sich in solch einem Falle zunächst als Schneeflocken aus und fallen in den Berglagen auch als Schnee zur Erde. Auf ihrem Wege in niedrigere Lagen verwandeln sie sich bei Temperaturen über 0 °C in Regentropfen. Regen, der ursprünglich Schnee war, ist im Sommer gang und gäbe, denn in den höheren Schichten der Troposphäre, wo Wolken und Niederschläge entstehen, herrschen zumeist Temperaturen unter Null. Selbst im Sommer der gemäßigten Breiten treten ausnahmsweise bereits in einer Höhe von 1500 m über Normalnull (was einem Druckniveau von etwa 850 hPa entspricht) Temperaturen auf, die nur wenig über Null liegen. In einer Höhe von 3 km sind Temperaturen unter Null auch im Juli üblich, und in einer Höhe von 5 km bewegen sich die Lufttemperaturen um —10 °C. Das heißt also, daß die meisten Niederschläge der gemäßigten Breiten feste Hydrometeore waren, bevor sie in die niedrigeren Luftschichten gelangen.

Wie die Niederschläge in den Wolken im einzelnen entstehen, ist eine schwierige Frage, und die Ansichten der Fachleute dazu sind nicht ganz einheitlich. Dieses Problem ist auch deshalb so kompliziert, weil die physikalischen Prozesse, die in der freien Atmosphäre ablaufen, sich unter den dort vorliegenden Bedingungen im Laboratorium nicht nachbilden lassen. Wolken entstehen recht eigentlich durch Kondensation oder Sublimation von Wasserdampf. Zur Kondensation kommt es sowohl bei Temperaturen über Null als auch unter Null, wenn in der Luft keine Sublimationskerne vorhanden sind. In diesem Falle entstehen Tropfen unterkühlten Wassers, in seltenen Fällen beträgt die Unterkühlung bis zu —70 °C. Sublimationskerne, meist sind dies feinste Staubteilchen, sind in der Atmosphäre jedoch meistens vorhanden. Wie der weitere Prozeß verläuft, der schließlich zu Regen oder Schneefall führt, erklärt folgende Theorie. Der Theorie des schwedischen Meteorologen T. Bergeron (1935) zufolge sind im oberen Teil ei-

Die geschlossene Schichtbewölkung ist die Quelle für anhaltende Regenfälle.

ner Wolke Eiskristalle vorhanden. Der obere Teil einer Wolke, wo Temperaturen unter Null herrschen, enthält ein Gemisch aus unterkühlten Wassertropfen und Eiskristallen. Diese Eiskristalle vergrößern sich durch Sublimation von Wasserdampf und fallen nach unten, sobald ihre Masse so groß ist, daß sie die aufsteigenden Luftströmungen nicht mehr tragen können. Beim Zusammentreffen mit den unterkühlten Wassertropfen vergrößern sie sich weiter und verlassen die Wolke in Abhängigkeit von der Temperatur als Wassertropfen oder Schneeflocken. Die Bergeronsche Theorie nimmt an, daß jeder Regentropfen aus einem Eiskristall entstanden ist.

Insbesondere Beobachtungen in wärmeren Regionen haben jedoch erwiesen, daß atmosphärische Niederschläge auch in Wolken entstehen können, wo die Temperaturen über Null liegen. Eine befriedigende Erklärung liefert hier eine Theorie, die auf der Vereinigung von Regentropfen basiert. In dem Maße, wie die Luft in der Wolke aufsteigt, kommt es zur weiteren Kondensation von Wasserdampf; die Zahl der Wassertropfen nimmt zu. Ihre Entfernung voneinander nimmt so ständig ab. Sukzessiv vereinigen sich die Tropfen, die es zueinander am nächsten haben. Bei weiteren aufsteigenden Luftströmungen verdampfen die mitgetragenen, in den oberen Teil der Wolke gelangten kleineren Wassertropfen. Die größeren Wasser-

Es gießt in Strömen. In der Sprache der Meteorologie: Es fällt ein heftiger Regen.

Eine Wolke entsteht durch Kondensation oder Sublimation von Wasserdampf. Welcher dieser beiden Prozesse eintritt, hängt von der Lufttemperatur und von der Anzahl in der Luft enthaltener, zumeist staubförmiger Partikel ab.

tropfen fallen jedoch herab und vereinigen sich beim Zusammenprall mit kleineren Wassertropfen zu noch größeren. Im unteren Teil der Wolke fallen sie entweder zur Erde oder werden durch den Luftwiderstand gespalten und wiederum durch aufsteigende Luftströmungen nach oben getragen. So kommt es durch eine Kettenreaktion zum Regen.

Im oberen Teil der Gewitterhaufenwolke sublimiert der Wasserdampf (anstatt zu kondensieren), d. h., aus Wasserdampf entstehen direkt Eiskristalle.

Tau und Reif

Eine gewöhnliche Wetterprognose, wie wir sie aus dem Radio oder Fernsehen kennen, enthält Informationen über die Bewölkung, über zu erwartenden Regen oder Schneefall, über Temperaturen, über Windrichtung und -geschwindigkeit. Der Tau, ein weiteres meteorologisches Element, wird meist überhaupt nicht erwähnt. Für die breite Öffentlichkeit ist es wahrscheinlich nicht allzu interessant, ob Tau fallen wird oder nicht. Ein Tautropfen sieht aus der Nähe bezaubernd schön aus, und wenn wir am Morgen Tau feststellen können, sagen wir, daß das Wetter an einem solchen Tag schön sein wird. Diese Wetterprognose ist jedoch nicht allzu zuverlässig. Es ist zwar richtig, daß das Aufklaren, das eine Voraussetzung für die Bildung von Tau ist, auf das Vorhandensein neuer Luftmassen hinweist; die Änderung zum schönen Wetter hin muß aber nicht von Dauer sein. Oft zieht schon in den Nachmittagsstunden die Bewölkung eines weiteren Frontensystems auf, und das Wetter verschlechtert sich wieder. Durch die nächtliche Wärmeausstrahlung kühlen sich die Erdoberfläche und dadurch auch die bodennahe Luftschicht ab, wodurch es zur Kondensation von Wasserdampf kommen kann. Tau fällt nach klaren Nächten, sein Auftreten ist um so wahrscheinlicher, je größer der Unterschied zwischen den Tages- und Nachttemperaturen ist und je mehr Wasserdampf in der Luft enthalten ist. In Gebieten mit trockenem Kontinentalklima kommt es meist überhaupt nicht zur Taubildung, in den Tropen ist sie wiederum so ausgeprägt, daß das Wasser förmlich von den Bäumen und Dächern fließt.

Bei schönem, trockenem Wetter, wenn es an Feuchtigkeit mangelt, ist der Tau ein wichtiger Faktor für die Landwirtschaft. Im Vergleich zu Regen bringt er nur wenig Feuchtigkeit. In den gemäßigten geographischen Breiten liefert Tau 0,1 bis 0,5 mm Niederschlagsmenge pro Nacht. Aber auch diese Menge reicht aus, die durch die Trokkenheit welken Pflanzen zu erfrischen oder Samen zum Keimen zu bringen.

Reif entsteht meistens bei gleichen Wetterbedingungen wie Tau, also nach

Tau ist ein atmosphärischer Niederschlag, der durch Kondensation von Wasserdampf nach einer nächtlichen Abkühlung der Erdoberfläche entsteht.
Reif ist ein atmosphärischer Niederschlag, der durch Sublimation von Wasserdampf nach einer nächtlichen Abkühlung der Erdoberfläche unter den Gefrierpunkt entsteht.

Tautropfen an einem Grashalm

Typischer herbstlicher Rauhreif, er entstand durch Sublimation von Wasserdampf.

nächtlichem Aufklaren, nur die Temperaturen liegen unter Null, und anstatt zur Kondensation kommt es zur Sublimation. Aus Wasserdampf entstehen an Baumzweigen, an Säulen, an Ecken und Kanten von Gebäuden und anderen Gegenständen Schuppen, Nadeln, Federn oder Schleier aus Eis.

Oft entsteht zunächst Tau, der bei weiterem Sinken der Temperatur gefriert. Im Unterschied zum Reif nennen die Meteorologen diesen Hydrometeor gefrorenen Tau.

Mit dem Tau hängt der meteorologisch sehr wichtige Begriff des Taupunktes zusammen. Darunter verstehen wir diejenige Lufttemperatur, bei der Wasserdampf kondensiert. Beim Entstehen von Tau hat nur die Erdoberfläche, nicht aber die bodennahe Luft diese Temperatur. Wenn sich auch die bodennahen Luftschichten bis auf den Taupunkt abkühlen, entsteht Nebel.

Eisansatz (Eisniederschlag)

Der Tau ist im allgemeinen ein sehr nützlicher Hydrometeor, der Eisansatz muß jedoch zu den gefährlichen Hydrometeoren gerechnet werden. Reif tritt vor allem im Herbst auf, wenn es zu Bodenfrösten kommt, Eisansatz jedoch erst im Winter. Er entsteht ähnlich wie Glatteis, wenn feine unterkühlte Wassertropfen auf feste Gegenstände auftreffen. Außerdem weht aber zumeist ein starker Wind und es fällt nasser Schnee, der sich auch als Eis ansetzt. Der Eisansatz hat die Struktur von kornförmigen Eisteilchen, die mehr oder weniger durch Luftzwischenräume getrennt sind; oft können wir kristalline, zweigförmige Gebilde feststellen. Er bildet sich an Gebäuden, Bäumen, Masten und Drähten an der windzugewandten Seite, und zwar in um so größerem Umfang, je größer die Windgeschwindigkeit ist.

Der Eisniederschlag an Baumzweigen verleiht der Landschaft ein zauberhaftes Gepräge. Wenn jedoch schwere, kompakte „Verbände" an Bäumen entstehen, brechen Äste ab, oder ganze Bäume werden zu Fall gebracht. Noch größere Schäden kann der Eisniederschlag an elektrischen und Telefonleitungen verursachen. Aus diesen Gründen ist die Vorhersage von Eisansatz eine sehr wichtige meteorologische Information.

In Mitteleuropa schafft eine südöstliche Luftströmung die typische Wetterlage für das Entstehen von Eisniederschlägen. Eisniederschlag entsteht jedoch auch bei starker ozeanischer Luftströmung, und zwar insbesondere in Höhenlagen um 1000 m über Normalnull. Auch die Flugmeteorologie muß sich mit Eisniederschlägen als einer gefährlichen Wettererscheinung befassen.

Detail einer starken Vereisung

An den Flügeln von Flugzeugen können auch im Sommer Eisniederschläge entstehen. Dies hängt von der Flughöhe und den dort herrschenden Temperaturen ab. Beobachtungen und flugmeteorologische Forschungen haben ergeben, daß in Wolken mit vertikaler Entwicklung sich an Flugzeugen zumeist dann in einem Temperaturbereich von 0 bis —20 °C Eis niederschlägt, wenn der überwiegende Teil der Wolken aus unterkühlten Wassertropfen besteht. Bei Schichtwolken ist wegen der wenig ausgeprägten aufsteigenden Luftströmungen die Wahrscheinlichkeit der Bildung von Eisniederschlag geringer, im Temperaturbereich von 0 bis —10 °C kann trotzdem ein mäßiger Eisniederschlag entstehen. In Schichtwolken vom Typ Stratocumulus, wo es gewisse aufsteigende Luftströmungen gibt, ist die Gefahr des Eisniederschlags insbesondere über dem Meer etwas größer.

Der **Eisansatz (Eisniederschlag)** ist eine zusammenhängende Eisschicht an festen Gegenständen. Er entsteht aus unterkühlten Wassertropfen und durch Anfrieren von nassem Schnee.

Leichter Eisansatz, er entstand durch Anfrieren von feuchtem Schnee.

In den Tropen ist die Wahrscheinlichkeit des Auftretens von Eisniederschlägen in den gewaltigen Gewitterwolken groß. Da in diesen Wolken die vertikalen Ausmaße mit ausgeprägten auf- und absteigenden Strömungen größer sind als in den gemäßigten Zonen, ist auch der Temperaturbereich, in dem Eisniederschläge entstehen, größer: Er liegt zwischen etwa 0 und —40 °C. Die Höhe über Normalnull, die dem entspricht, liegt im Bereich von ungefähr 5 bis 12 km. Die Flugzeugbesatzungen sind bemüht, diesen Wolken auszuweichen; müssen sie aber durchflogen werden, ist mit gefährlichem Eisniederschlag zu rechnen.

Hagel

Bei Sommerwetter wachsen Gewitterwolken bei hinreichender Feuchte zu beträchtlicher Höhe empor. Die Wirkung der in solch einer Wolke auf-und absteigenden Luftströmungen ist zum Beispiel in einem Transportflugzeug,das an der oberen Grenze der Troposphäre fliegt, zu spüren. Die Temperaturen betragen dort etwa —50 °C. Im Anfangsstadium ihrer Entwicklung entstehen in der Gewitterwolke winzige Eiskristalle und feine Wassertropfen. Die aufsteigenden Luftströmungen befördern sie in Gebiete, wo sehr niedrige Temperaturen herrschen, und die Wassertropfen gefrieren. In den Randgebieten der Wolke sinken die Eiskristalle ab, tauen

Die große vertikale Ausdehnung der Gewitterwolke ermöglicht die Entstehung von Hagelkörnern.

Hagel ist ein atmosphärischer Niederschlag in Gestalt von kugel-, eiförmigen oder unregelmäßig geformten Eisstücken mit einem Durchmesser von 5 bis 50 mm. In seltenen Fällen treten Hagelkörner mit einer Masse bis zu einigen Kilogramm auf.

dabei teilweise und wandern als Wassertropfen wiederum nach oben. Dieser Prozeß kann mehrmals nacheinander ablaufen. Je kräftiger die Luftströmungen sind und je länger sich die Eiskristalle oben halten, desto größer werden sie, denn sie verbinden sich mit weiteren Kristallen und gefrierenden Wassertropfen. Die so entstehenden Hagelkörner, die schließlich zur Erde fallen, sind ein sehr gefährlicher Hydrometeor.

Die Geschwindigkeit, mit der Hagel auf die Erdoberfläche auftrifft, hängt von seiner Masse und Größe ab. Eine Vorstellung von den durch Hagelkörner angerichteten Schäden können wir uns machen, wenn wir uns vergegenwärtigen, daß Hagelkörner mit einem Durchmesser von 5 cm bereits mit einer Geschwindigkeit von 25 m/s bzw. 90 km/h auf die Erde auftreffen. Obgleich ein Hagelschauer im allgemeinen nur einige Minuten dauert, richtet er an Pflanzen und den verschiedensten Objekten, wie Gewächshäusern, Dächern und Autos, beträchtliche Schäden an. Große Hagelkörner können größere Tiere oder Menschen verletzen oder sogar töten.

Zu gelegentlichem Hagelschlag kann es überall auf der Erde kommen (mit Ausnahme der Polargebiete), am häufigsten tritt er in den gemäßigten Zonen auf. Die intensivsten Hagelschauer in

Mitteleuropa treten im Zusammenhang mit atlantischen Kaltfronten auf. Obwohl die Wolkenzonen von Kaltfronten im allgemeinen zusammenhängen, ist die Intensität der Hagelschauer von Ort zu Ort sehr unterschiedlich. Sie treten im allgemeinen nur in begrenzten Gebieten, in schmalen, mehr oder weniger scharf begrenzten Streifen auf. Ihr zu erwartendes Auftreten genau zu lokalisieren ist bislang eine sehr schwierige Aufgabe der Meteorologie. Dank Radarmessungen und der schnellen automatischen Übertragung der Meßdaten konnten bereits gewisse Erfolge erzielt werden, die zur Hoffnung Anlaß geben, daß in absehbarer Zeit auch dieser Hydrometeor zumindest im Rahmen kurzfristigerer Prognosen vorhergesagt werden kann.

Untergrenze einer lokalen Gewitterwolke

Zur Erde fallende Hagelkörner können beträchtliche Abmessungen aufweisen, zumeist tauen sie rasch weg.

Gewitter

Bisher haben wir zahlreiche Hydrometeore kennengelernt, die wesentliche Träger des Wetters sind und deren Überschuß oder Mangel das menschliche Leben stark beeinflußt. Ein geläufiger Meteor, der gemeinsam mit Hydrometeoren auftritt, insbesondere mit heftigen Regengüssen und Hagelschlag, ist das Gewitter. Es wird Elektrometeor genannt, und wir denken dabei an die sicht- bzw. hörbare Erscheinung der Elektrizität. Zu den Elektrometeoren gehört noch das sogenannte Elms-Feuer. Es handelt sich hierbei um eine leuchtende elektrische Entladung geringerer oder größerer Intensität in der Atmosphäre, die mehr oder weniger zusammenhängt und länger anhält und von Gegenständen ausgeht, die über die Erdoberfläche ragen, wie von Blitzableitern, anemometrischen Geräten, Schiffsmasten, oder von Flugzeugen während des Flugs (von Flügelspitzen oder Luftschraubenenden).

Ein Gewitter ist eine heftige elektrische Entladung, die sowohl optisch als Blitz (Linien-, Flächen-, Kugel- oder Perlschnurblitz) wie auch akustisch als Donner — er entsteht durch das explosionsartige Auseinandertreiben der stark erhitzten Luft längs der Blitzbahn — in Erscheinung tritt. Aus dem zeitlichen Abstand zwischen Blitz und Donner kann die Entfernung des Gewitters geschätzt werden (3 s entsprechen einer Entfernung von ungefähr 1 km).

Gewitterentladungen erfolgen zwischen der Wolke und der Erde oder innerhalb der Wolke oder sind von der Wolke auf die Erde gerichtet, ohne sie zu erreichen. Auf der Erde als Gesamtheit kommt es praktisch pausenlos zu Gewitterentladungen. Die Entstehung von elektrischer Spannung in der Atmosphäre können wir mit der Entstehung von Spannung an einem riesigen Plattenkondensator vergleichen. Die negative Platte bildet in diesem Falle die Erdoberfläche, und die positive sind gewissermaßen die elektrisch hochleitfähigen

Über den Bergen zieht ein Gewitter auf.

Die Haufenwolken warnen die Touristen in den Bergen vor einem aufziehenden Gewitter.

Bei Sommergewittern erreichen die Blitze oft die Erdoberfläche.

Schichten der Atmosphäre in einer Höhe zwischen 80 und 120 km. Der wichtigste Ionisator in der Erdrinde ist die Strahlung einiger radioaktiver Elemente. In höheren Luftschichten wirken die UV-Strahlung der Sonne sowie die kosmische Strahlung ionisierend.

Für das Entstehen von Gewitterentladungen reicht die Potentialdifferenz zwischen der Erdoberfläche und den höheren Atmosphärenschichten nicht aus. Zur erhöhten Elektrisierung der Atmosphäre kommt es, wenn Niederschläge entstehen, wenn Eiskristalle und Regentropfen durch rasche Auf- und Abwärtsströmungen der Luft bewegt werden. Tropfen und Kristalle mit negativer Ladung werden durch aufsteigende Strömungen nach oben getragen, während die großen, positiv geladenen Tropfen nach unten sinken. So entsteht eine zusätzliche, stellenweise sehr hohe, gegenüber normalerweise auftretender Spannung tausendmal höhere Spannung, die zu Gewitterentladungen führt. Gewitter gehen meistens mit heftigen Regenfällen und starkem Wind, oft auch mit Hagelschlag einher.

Das Gewitter ist eine gefährliche Wettererscheinung; in der freien Natur kann es für den Menschen lebensgefährlich sein (es führt zu Verbrennungen, Menschen können durch Blitzschlag getötet werden). Es kann auch Brände verursachen und so zu beträchtlichen Schäden führen.

Ein vom Blitz gespaltener Baum

Orographische Bewölkung

In der Einleitung haben wir uns die Entstehung von Wolken im Gebirge klargemacht, die infolge von auf- und absteigenden Luftströmungen an einem Gebirgshindernis entstehen. An einem überaus klaren Morgen, wenn es uns scheint, daß es so gut wie gar nicht zu Niederschlägen oder Wolkenbildung kommen kann, können im Tagesverlauf über den Gebirgskämmen Haufenwolken entstehen; sie erwecken den Eindruck, als wären sie an dem Gebirgsmassiv befestigt. Sie bilden sich an der Luvseite, wo die Luftströmungen gezwungen werden, am Bergrücken aufzusteigen, oder entstehen nur durch Erwärmung, wobei das Bergmassiv aufsteigende Luftströmungen begünstigt. Aus der Ferne erscheinen ihre horizontalen Ausmaße gering, in den Bergen selbst können sie jedoch den Sonnenschein stark behindern. Manchmal entwickeln sie sich auch zu Wolken vom

Auch relativ niedrige Bergrücken (in diesem Falle handelt es sich um einen etwa 900 m hohen) können zum Entstehen orographischer Bewölkung führen. Die Haufenwolken berühren jedoch die Gipfel nicht, sondern bilden sich erst in solch einer Höhe, wo der Wasserdampf bei der aufsteigenden Bewegung der Luft kondensiert.

Die Haufenwolken, die auf den Berggipfeln gleich Mützen sitzen, wirken von weitem dekorativ. Für die Touristen in den Bergen bedeuten sie jedoch, daß der Himmel wolkenverhangen oder bedeckt ist.

Typ Cumulonimbus, die zu Schauern und Gewittern führen können.

Die Mächtigkeit und die Ausmaße der orographischen Bewölkung hängen von den physikalischen Gegebenheiten in der Atmosphäre und von der Höhe und Mächtigkeit des Gebirgsmassivs ab. In Europa kommt es zu den ausgeprägtesten orographischen Wolken in den Alpen, der Hohen Tatra, den Karpaten, den Pyrenäen sowie in Gebirgen, die relativ niedrig sind. Über diesen Wolken ist manchmal eine weitere hohe Bewölkung zu beobachten. Sie weist darauf hin, daß in großer Höhe Warmluft zugeführt wird; zur Bildung von orographischen Wolken kommt es trotzdem. Infolge der Zufuhr von Warmluft, die von absteigenden Luftströmungen stammt, entwickeln sie sich jedoch nicht mehr weiter.

Die Bildung von orographischen Wolken beginnt in den Vormittagsstunden. Nachmittags erreichen sie ihr Maximum und gegen Abend lösen sie sich wieder auf. Im Winter tritt diese Art von Bewölkung nicht auf, sondern erst im Frühling; am ausgeprägtesten ist sie im allgemeinen von Mai bis Juli. Im Herbst ist sie schon recht selten. Die Monate September und Oktober sind deshalb günstige Monate für die Hochgebirgstouristik, allerdings nur bei einer stabilen Wetterlage, deren Charakter von einem Hoch bestimmt wird. Sind Tiefs und Frontalstörungen wetterbestimmend, ist natürlich auch in diesen Monaten eine Bergtour alles andere als angenehm.

Dürre und Hochwasser

Die Sonnenstrahlung und das Wasser sind wesentliche Grundlagen für jegliches Leben auf unserem Platenen. Atmosphärische Niederschläge sind einer der Hauptfaktoren im Wasserhaushalt der Erde. Die Niederschläge sind ungleichmäßig über die Erde verteilt. Einige Gebiete leiden infolge ihrer geographischen Lage und ihres spezifischen Klimas unter chronischem Niederschlagsmangel. In anderen Gebieten, vor allem in der Nähe von Meeren und Ozeanen, ist wiederum ein Überschuß an Niederschlägen zu verzeichnen. Bei extremem Niederschlagsmangel treten Dürren auf, bei zu reichlichen Niederschlägen kommt es zu Hochwasser. Mit diesen beiden gefährlichen Wettererscheinungen muß man von Zeit zu Zeit auch in Gebieten rechnen, in denen die jährliche Niederschlagsmenge nicht extrem ausfällt.

Dürre. Ausgedörrter und rissiger Boden ist nicht nur dort anzutreffen, wo im Sommer warme, ausdörrende Winde wehen, wie z. B. der sogenannte Suchowej in der Ukraine, sondern auch in Mitteleuropa, wenn im Sommer Hochdruckgebiete und trockene Ostwinde vorherrschen und so über lange Zeit Niederschläge ausbleiben. Obgleich in Mitteleuropa zeitweilige Niederschlags-

Selbst im fruchtbaren Lavaboden vulkanischen Ursprungs wächst nichts, wenn der Regen rar ist oder ausbleibt.

Der im Frühjahr über seine Ufer getretene Fluß Berounka in der Tschechoslowakei

kalamitäten meistens noch im Verlauf des gleichen Jahres ausgeglichen werden, kann eine Dürre zur Vegetationszeit der Landwirtschaft beträchtlichen Schaden zufügen. Wie kann sich der Mensch gegen Dürren wehren? Für Wasser, das auf die Erdoberfläche gelangt, gilt folgender Grundsatz: Aufgefangenes Wasser fließt nicht ab. Dabei ist nicht nur an den Bau von Talsperren, sondern vor allem an eine vernünftige Bewirtschaftung der Waldbestände zu denken; der Wald ist ein riesiges natürliches Wasserreservoir.

Hochwasser, oft geht es mit Überschwemmungen einher, wird durch übermäßige Niederschläge, plötzlich einsetzende Schneeschmelze oder in Küstenregionen auch durch heftige Brandungswellen verursacht. Natürlich können auch mehrere oder alle diese Faktoren gleichzeitig auftreten. Die typische Wetterlage, die in Mitteleuropa zu einem Überschuß an Niederschlägen führt, ist folgende: Kaltfronten mit kräftigem Temperaturkontrast trennen erhitzte Luft über Osteuropa von kühler Meeresluft über Westeuropa. Dabei zeitigen nur Fronten, die sich über dem gewaltigen Alpenmassiv wellen und längere Zeit über Mitteleuropa verweilen, katastrophale Folgen.

Zu durch Schneeschmelze verursachtem Hochwasser kommt es im Frühling vor allem in den Alpenländern. Eisschollen auf den Flüssen stellen eine Gefahr für die Turbinen in Wasserkraftwerken, für Wehre und Schleusen dar. Die Ausbildung einer Eisdecke auf den Flüssen hängt vom Klima ab. Die osteuropäischen Flüsse sind im allgemeinen viel länger zugefroren als die westeuropäischen. Der Rhein ist pro Jahr durchschnittlich 20 Tage zugefroren, die Newa in Leningrad jedoch etwa 150 Tage. Interessanterweise führt die Newa das größte Hochwasser im November. Verursacht wird es durch heftige Westwinde, die in diesem Monat am stärksten wehen und das Meereswasser des Finnischen Meerbusens stromaufwärts weit in das Binnenland hineintreiben.

Der Regenbogen

Der holländische Naturforscher Snellius (eigtl. Willebrord Snell van Roijen, 1591–1626) formulierte das physikalische Gesetz von der Lichtbrechung. Mit Hilfe dieses Brechungsgesetzes haben später zahlreiche Physiker, Astronomen und Meteorologen die Entstehung des Regenbogens erklärt. Dieses optische Naturphänomen gehört zu den Photometeoren, d. h. zu den Lichterscheinungen in der Atmosphäre, die durch Reflexion, Brechung oder Streuung von Sonnen- oder Mondlicht an Wassertropfen bei Regen, Nieselregen oder Nebel oder an Eiskristallen hervorgerufen werden. Außer dem Regenbogen gehören zu den Photometeoren z. B. die sogenannten Halo-Erscheinungen (Sonnenringe oder Vollmond) sowie Luftspiegelungen (Fata Morgana).

Auf dem Foto (S. 109) sehen wir sowohl den deutlicheren Hauptregenbogen mit einem Höhenwinkel von etwa 42° (vom äußeren Rand her betrachtet folgen Rot, Orange, Gelb, Grün, Blau und Violett aufeinander) als auch den Nebenregenbogen mit einem Höhenwinkel von etwa 51° und umgekehrter Reihenfolge der Spektralfarben. Die Breite der Farbstreifen und die Anzahl der beobachteten Spektralfarben hängen von der Größe der Wassertropfen ab. Je kleiner der Durchmesser der Wassertropfen ist, desto breiter ist der Farbstreifen.

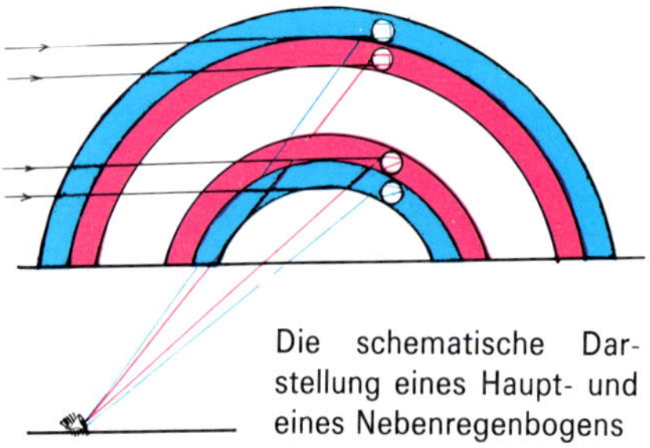

Die schematische Darstellung eines Haupt- und eines Nebenregenbogens

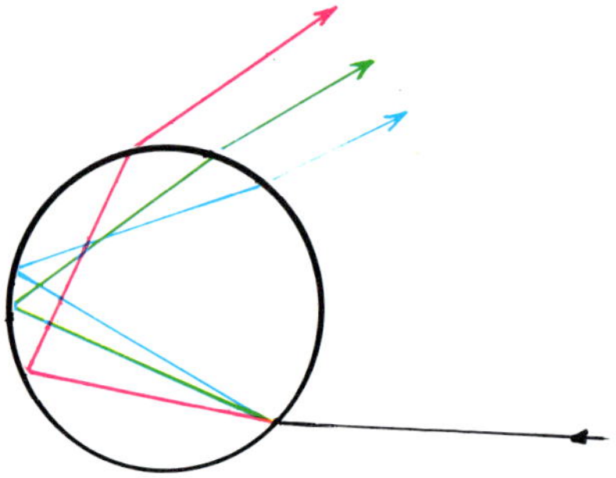

Brechung eines roten, grünen und blauen Strahls mit einer zweifachen Spiegelung innerhalb des Tropfens

Seltener ist der sogenannte Nebelbogen rein weißlicher Farbe, der an Nebel- oder Dunstschleiern entsteht.

Der Regenbogen entsteht durch Brechung, Reflexion und Interferenz des Lichtes an Regentropfen. Auf den Zeichnungen ist zunächst schematisch die Brechung und Reflexion eines Lichtstrahls einer bestimmten Wellenlänge aus einer monochromatischen Quelle in einem Tropfen dargestellt (Abb. oben). Die Strahlen, die aus dem optisch weniger dichten Medium (Luft) in das optisch dichtere Medium (Wasser) einfallen, werden zunächst zum Einfallslot hin gebrochen. Danach werden sie an der Innenwand des Tropfens unter einem Winkel reflektiert, der dem Einfallswinkel entspricht, und beim Austritt aus dem Tropfen schließlich vom Einfallslot weg gebrochen.

Auch die Sonnenstrahlen werden gebrochen und reflektiert, die roten Strahlen werden am wenigsten, die violetten

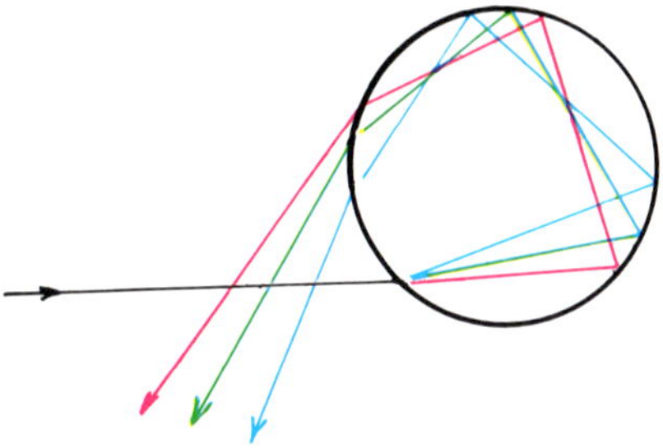

Brechung eines roten, grünen und blauen Lichtstrahls mit einer einfachen Spiegelung innerhalb des Tropfens

Der **Regenbogen** ist eine Gesamtheit von konzentrischen farbigen Bögen, wobei die Spektralfarben von Violett bis Rot aufeinander folgen.
Der **Halo** ist ein weiter Ring um die Sonne oder den Vollmond. Er entsteht durch Reflexion und Streuung der Sonnenstrahlen an Eiskristallen (evtl. an Wassertropfen). Er ist ein zuverlässiges Anzeichen dafür, daß in großer Höhe Wolken vorhanden sind, die mit großer Wahrscheinlichkeit das Nahen einer Warmfront ankündigen.
Die **Fata Morgana** ist eine optische Erscheinung in der Atmosphäre, die durch Brechung und Reflexion von Lichtstrahlen in den Luftschichten mit unregelmäßiger Verteilung der Dichte bewirkt wird. Dabei erscheinen mitunter über der glühendheißen Erdoberfläche Bilder weit entfernter Gegenstände, die unter dem Horizont liegen.

Ein Haupt- und ein Nebenregenbogen (Doppelregenbogen)

am stärksten gebrochen (s. Abb. links oben). So kommt es zur Spektralzerlegung des Sonnenlichts. Der Einfachheit halber ist nur der rote, grüne und blaue Lichtstrahl dargestellt.

Nach dem gleichen Prinzip entsteht auch der Nebenregenbogen (S. 108 unten). Nur werden in diesem Falle die Strahlen vor Verlassen des Tropfens zweimal reflektiert.

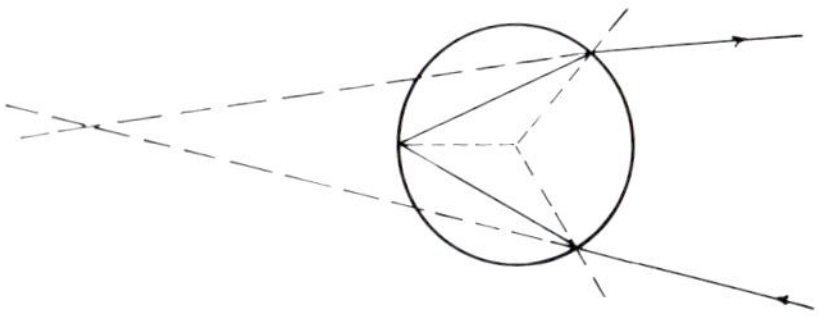

Brechung und Spiegelung von monochromatischen Lichtstrahlen.

Der Kreislauf des Wassers auf der Erde

Die Sonnenstrahlung ist ohne Zweifel der Hauptfaktor bei der Gestaltung des Wetters in der Erdatmosphäre. Je nach Jahreszeit werden die verschiedenen Regionen der Erde verschieden stark erwärmt. Dabei kommt es zu einer ungleichmäßigen Temperaturverteilung in der Luft und damit auch zu einer ungleichmäßigen Luftdruckverteilung. Außerdem verdunstet durch die Sonnenenergie ständig eine gewaltige Menge von Wasser, vor allem aus den Ozeanen, aber auch aus Seen, Flüssen und Sumpfgebieten sowie der Erdoberfläche überhaupt. Durch diese Verdunstung gelangt Wasserdampf in die Lufthülle, nach einer gewissen Zeit gelangt er in Form von atmosphärischen Niederschlägen zur Erdoberfläche zurück. So kommt es auf der Erde zu einem unaufhörlichen Kreislauf des Wassers.

Das meiste Wasser verdunstet aus den Ozeanen. Ein Teil dieses Wassers kehrt in Form von Niederschlägen wieder ins Meer zurück. Ein weiterer Teil gelangt mit Luftströmungen über das Festland und liefert dort die lebensnotwendige Feuchtigkeit. Die aufs Festland gelangenden Niederschläge verdunsten teilweise. Nach und nach kehrt die Feuchtigkeit vom Festland wieder in die Weltmeere zurück (ausgenommen sind Gebiete ohne Abfluß).

Die Zeitspanne, in der das Wasser zum Meer zurückkehrt, ist unterschiedlich lang. Ein Teil der Niederschläge kehrt ins Meer direkt über Bäche und Flüsse zurück. Teilweise sickert das Wasser in den Boden ein, wo es das Grundwasser bildet. Ins Meer gelangt es später. Die im festen Aggregatzustand fallenden Niederschläge (Schnee, Hagel) gelangen nach ihrem Schmelzen ins Meer. In höheren Breiten und Ge-

Der Kreislauf des Wassers auf der Erde: 1. Ozean, 2. Kreislauf Meer-Meer, 3. Kreislauf Erde-Erde, 4. Grundwasser, 5. Festland

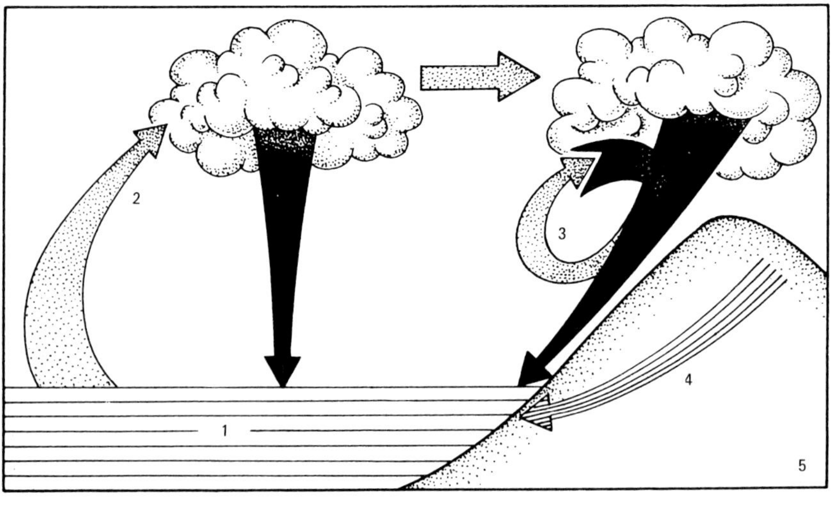

Das Meer ist ein Dauerreservoir für Feuchte. Hier beginnt und endet der Kreislauf des Wassers. Der Einfluß des Meeres auf das Festlandwetter ist indirekt proportional zur Entfernung von der Küste und direkt proportional zu Flächenausdehnung des Meeres. Den größten Einfluß auf das europäische Wetter und Klima haben der Atlantische Ozean und der Golfstrom.

birgsregionen bilden Schnee und Eis in Form von Gletschern ein Wasserreservoir. Niederschläge, die von der Erdoberfläche ins Meer abfließen, sind auch Energieträger. In Flüssen bilden sie das Lebensmilieu für Fische. Das Wasser (Eisgang und Hochwasser) kann jedoch zu einem gefährlichen Element werden.

Die im Kreislauf zwischen Meer, Lufthülle und Festland transportierte Wassermenge genau zu ermitteln ist unmöglich. Man kann aber sagen, daß aus den Weltmeeren ungefähr soviel Wasser verdampft, wie über die Flüsse und direkt in Form von Niederschlägen dorthin gelangt. Vom Festland verdampft wiederum etwa diejenige Wassermenge, die dort als Niederschlag fällt und nicht als Oberflächenwasser über Bäche, Flüsse und Ströme abfließt. Schließlich kann man sagen, daß die jährliche Gesamtmenge des Wassers, die über den Weltmeeren und dem Festland verdunstet, derjenigen Niederschlagsmenge entspricht, die im globalen Maßstab im Verlauf eines Jahres fällt.

Schlechte Sicht

An schönen Sommermorgen ist in Flußtälern sowie in der Nähe von Bächen und anderen Gewässern oft Bodennebel zu beobachten, der sich bald wieder auflöst. Im Sommer verleiht der Nebel der Landschaft einen gewissen Reiz; mit nahendem Herbst, wenn die Tage kürzer und die Nächte länger werden, werden Nebel häufiger und können für den Straßen- und insbesondere den Flugverkehr sehr unangenehm werden.

Nebel, die nach der Abkühlung der Erdoberfläche durch die nächtliche Ausstrahlung entstehen, heißen **Strahlungsnebel**. Sie entstehen bei stabilen Hochdruckwetterlagen, und zwar zunächst als dünne Schicht am Boden, von wo aus sie sich allmählich nach oben ausbreiten. Im Herbst oder Winter können sich diese Nebel in Niederungen (unter Umständen nur stellenweise) oft den ganzen Tag über halten. Vorherzusagen, wo und wann sich tagsüber Nebel auflösen wird, ist nicht einfach. Mit größerer Wahrscheinlichkeit hält sich Nebel natürlich in Niederungen, in abgeschlossenen Kesseln und in Industriegebieten. Strahlungsnebel ist in Mitteleuropa und in dem ausgedehnten osteuropäischen Tiefland die häufigste Nebelart.

In Küstenregionen tritt insbesondere im Winter oft der sogenannte **Advektionsnebel** auf. Er entsteht durch Advektion (Strömung) der wärmeren Meeresluft über das kühlere Festland.

Wie der Advektionsnebel entsteht auch der **Frontalnebel** bei der Mischung von Luftmassen unterschiedlicher Temperatur. Die Grenze zwischen den verschieden temperierten Luftmassen bilden in diesem Falle atmosphärische Fronten, vor allem Warm- und Okklusionsfronten, seltener Kaltfronten. Mit den Frontalnebeln hängen auch Nebel zusammen, die sich infolge erhöhter Luftfeuchtigkeit nach einem Regen bilden.

In der meteorologischen Fachliteratur können wir eine noch feinere Nebeleinteilung finden, für unsere Zwecke ist aber die vorliegende Einteilung in die angegebenen Grundtypen vollkommen ausreichend.

Bereits die Entstehung von Strahlungsnebel in Tälern weist darauf hin, daß sich dort die kalte Luft nach nächtlichem Aufklaren hält. Der Nebel, der dort durch Kondensierung von Wasserdampf entsteht, steigt allmählich bis zum Inversionsniveau auf, wo die Temperaturzunahme aufhört und der normale Temperaturverlauf (d. h. fallende Temperatur mit zunehmender Höhe) einsetzt. Auf diesem Niveau hört auch der Nebel auf; darüber herrscht ein viel wärmeres und angenehmeres Wetter. Bei stabilen Wetterlagen im Herbst und Winter kann sich aus dem Nebel an der oberen Inversionsgrenze häufig eine sehr dichte Schichtbewölkung (Stratus) bilden, aus der geringe Niederschläge,

Niedriger Strahlungsnebel an einem schönen Sommertag. In der Atmosphäre liegt eine instabile Schichtung vor. Davon zeugt die Tatsache, daß sich bereits Haufenwolken herausgebildet haben, bevor sich der Nebel aufgelöst hat.

meist in Form von Niesel- oder gefrierendem Nieselregen, fallen können. In den Niederungen bilden sich dann keine Nebel mehr, da die niedrige Bewölkung eine weitere Wärmeausstrahlung von der Erdoberfläche und damit eine weitere Abkühlung verhindert.

Die Dichte der niedrigen Bewölkung hängt von der gesamten Luftfeuchtigkeit ab. Manchmal dringt Sonnenschein auch dann in die Niederung, wenn wir von den Bergen aus unter uns nur ein Wolkenmeer sehen, doch ist er bei weitem nicht so intensiv wie in den Höhenlagen. Es kommt aber auch vor, daß wir in der Niederung nicht im geringsten ahnen können, daß weiter oben in den Bergen die Sonne scheint. Die Schicht der niedrigen Bewölkung ist unterschiedlich dick. Manchmal reicht es, wenn wir bis zu 500 m über Normalnull aufsteigen, und schon befinden wir uns über den Wolken. Manchmal liegt das Inversionsniveau in einer Höhe von 1000 m oder noch höher.

Oberhalb der oberen Inversionsgrenze herrscht im allgemeinen wolkenloses, heiteres Wetter. Manchmal können wir jedoch auch dort noch eine weitere Wolkenschicht beobachten. Diese hohe Bewölkung kündigt meist das Nahen einer Warmfront an. In der Höhe verstärkt eine warme Luftströmung noch die Inversion. Ist diese Strömung schwach, überqueren oft Warm- und manchmal auch Kaltfronten den Raum oberhalb des Inversionsniveaus, ohne dieses sowie die zusammenhängende Schicht der niedrigen Bewölkung zu stören. In den Niederungen bewirken diese Fronten nur, daß sich zwar der Luftdruck ändert, nicht aber das Wetter.

Da der Nebel bislang das einzige meteorologische Element ist, das den Luftverkehr zum Erliegen bringen

„Rauchende" Wälder: Der Nebel entstand nach einem Regen nach Durchzug einer Warmfront.

kann, — Passagiere müssen lange Wartezeiten auf Flughäfen in Kauf nehmen oder sind gezwungen, auf langsamere Verkehrsmittel auszuweichen —, gibt es weltweit Bemühungen, den Nebel künstlich aufzulösen. Hierbei ist es zweckmäßig, den Nebel in kalten (mit Temperaturen unter 0 °C) und warmen (mit Temperaturen über 0 °C) einzuteilen. Kalter Nebel besteht zumeist aus unterkühlten Wassertropfen; hier bietet sich die Möglichkeit an, ihn, wo es nötig ist, durch Trockeneiskristalle aufzulösen. Damit vergrößert sich die Anzahl der Kondensationskerne, die bewirken, daß sich die unterkühlten Wassertropfen in Eiskristalle verwandeln, diese wiederum allmählich in feine Schneeflocken, die schlicht zur Erde fallen. Kalter Nebel wurde schon sehr oft erfolgreich künstlich aufgelöst, aber warmen Nebel aufzulösen ist weitaus komplizierter. Nebel ist in physikalischer Hinsicht ähnlich zusammengesetzt wie Wolken. Genauso wie Wolken besteht auch Nebel aus feinen Wassertropfen (die evtl. unterkühlt sind) oder Eiskristallen. Die physikalischen Prozesse, bei denen Nebel oder aber Wolken entstehen, sind sehr verschiedenartig. Unterschiede sind so auch in der Zusammensetzung von Nebel und Wolken festzustellen; Nebel bildet sich in Bodennähe und da wiederum bevorzugt in Industriegebieten und enthält so mehr Kondensationskerne als Wolken. Unter dem Mi-

Nebel ist eine Suspension von feinsten Wassertropfen oder Eiskristallen in der Lufthülle, wobei die horizontale Sichtweite in Bodennähe weniger als 1 km beträgt.
Dunst entsteht ebenfalls aus feinen Wassertropfen oder Eiskristallen; die horizontale Sichtweite beträgt 1 bis 10 km.
Trübungen werden durch feste, in der Lufthülle verteilte Partikel hervorgerufen; die horizontale Sichtweite beträgt unter 10 km.

kroskop kann man feststellen, daß Nebel viele Verbrennungsprodukte, weiterhin viele Salzkristalle und auch beträchtliche aus dem Erdboden stammende Staubmengen enthält.

Besteht der Nebel aus Eiskristallen statt aus Wassertropfen, sprechen wir von **gefrorenem Nebel,** der einige optische Effekte, z. B. Lichtsäulen und den engen Halo, hervorrufen kann.

Ist die horizontale Sichtweite größer als 1 km und kleiner als 10 km, sprechen wir von Dunst. Er ist ebenso wie Nebel zusammengesetzt. Er verleiht entfernten Gegenständen im Gelände eine graue bis graublaue Färbung, an sich scharfe Konturen erscheinen verschwommen.

Trübung ist ein weiterer Begriff, der in der Meteorologie im Zusammenhang mit verminderter Sicht auftaucht. Trübungen gehören zu den Lithometeoren. Wir verstehen darunter eine Suspension von mikroskopisch kleinen, festen Partikeln in der Luft (gewöhnlich in den unteren Schichten der Troposphäre). Trübungen verringern die Sichtweite, jedoch nicht unter 10 km. Der Grund für die schlechte Sicht sind in diesem Falle Staub, Rauch, Aerosole und andere Industrieexhalationen. Trübungen entstehen bei stabiler Wetterlage, wobei eine sehr schwache Strömung zumeist warmer Luft vorhanden ist. Die Intensität der Sonnenstrahlung wird vermindert. Bei Trübungen verfärbt sich die Luft zu Brauntönen hin (im Unterschied zu Dunst oder Nebel).

Lithometeore sind Anhäufungen von festen, fein verteilten Partikeln, die in der Luft schweben. U. a. kann Staub, der von Vulkanausbrüchen herrührt, zu Trübungen führen. Die Staubmenge, die bei einem Vulkanausbruch in die Erdatmosphäre gelangt, ist so groß, daß die Frage nahe liegt, wie hoch dieser Staub aufsteigt und ob er das Wetter merklich beeinflussen kann. 1980 war der Sommer in Mitteleuropa relativ kühl, und es tauchten Vermutungen auf, ob zwischen dem kühlen Sommer und dem Ausbruch des amerikanischen Vulkans

Wenn der Sessel des Sessellifts sich um einige Meter höher bewegt, wird er schon in schönes, warmes Wetter gelangen.

Die durchscheinende niedrige Bewölkung weist darauf hin, daß über ihr Sonnenschein herrscht.

Die niedrige Bewölkung, die die Berggipfel einhüllt, ist ein Nebel, der mit einer Temperaturinversion zusammenhängt.

Mount St. Helens im gleichen Jahr nicht ein Zusammenhang bestand.

Daß vulkanischer Staub in der Lufthülle als Filter für das Sonnenlicht wirken und so zu einem Temperaturabfall in den bodennahen Luftschichten führen kann, ist keine neue Idee. Zum Beispiel wurde das Jahr 1816 in Neuengland (USA), in Kanada und in Westeuropa als das Jahr ohne Sommer bezeichnet. In New Haven nördlich von New York war damals der Monat Juni der kälteste seit 1779. In Neuengland wiederum war der Juli sehr kalt, und nach schweizerischen Quellen war in Genf der kälteste Sommer seit 1773 zu verzeichnen.

Die Wissenschaftler, vor allem Meteorologen, die die Gründe für diesen extrem kalten Sommer untersuchten, stellten fest, daß es im vorangegangenen Jahr 1815 zu einem ungewöhnlich heftigen Vulkanausbruch auf der indonesischen Insel Sumbawa gekommen war. Der dortige Vulkan Tambora schleuderte riesige Staubmengen in die Luft. Der Staub verdunkelte den Himmel, so daß die Sonnenstrahlen nicht auf die Erdoberfläche gelangen konnten. Der herabfallende Staub bildete eine mehrere Zentimeter starke Schicht auf Häusern, Straßen und Feldern. Der Ausbruch des Tambora war viel stärker als der spätere Vulkanausbruch auf einer anderen Insel der dortigen Region, auf der Insel Krakatau, im Jahre 1883.

Obgleich der Großteil des Staubes, der von Vulkanausbrüchen herrührt, verhältnismäßig schnell auf die Erde oder aufs Meer herabfällt, ist es wahrscheinlich, daß feine Teilchen bis in die obere Schicht der Troposphäre oder gegebenenfalls auch in die untere Schicht der Stratosphäre gelangen. Dort können sie durch Luftströmungen um den Erdball getragen werden und es den Sonnenstrahlen erschweren, bis zur Erdoberfläche durchzudringen. Ob dieser vulkanische Staub tatsächlich die Ursache für länger anhaltende Abkühlungen in gewissen Regionen der Erde ist, ist allerdings nach wie vor eine offene Frage.

Einige Wissenschaftler neigen dazu, diese Frage zu bejahen, andere suchen die Ursachen für Abkühlungen in der Sonnenaktivität oder im „Kalben" der arktischen Eisgletscher – die so entstandenen Eisberge können dann schwimmend in südlichere Breiten gelangen. Es gibt noch andere Ansichten darüber, wie vulkanischer Staub, der in die unteren Schichten der Stratosphäre gelangt, das Wetter beeinflussen kann. Die Staubpartikel können sich infolge der direkten Sonneneinstrahlung in großen Höhen erwärmen und so in gewissen Gebieten eine geringfügige Lufterwärmung verursachen. Die entstehenden Temperaturunterschiede könnten dann auch Änderungen des Luftdrucks im gesamten vertikalen Ausmaß der Troposphäre und somit auch Wetteränderungen bezüglich der Temperatur (Abkühlung oder Erwärmung) oder der Niederschlagstätigkeit hervorrufen.

Bei der Kodierung von Wetternachrichten teilen die Wetterbeobachter die Lithometeore folgendermaßen ein:

1. Staubtrübung, wobei in der Luft feine Sandkörnchen verteilt sind, die durch Stürme dorthin gelangen (Staub- oder Sandstürme);

2. aufgewirbelter Staub oder Sand, wobei große Mengen an Staub- oder Sandteilchen durch starken turbulenten Wind von der Erdoberfläche in geringe oder mittlere Höhen gelangen;

3. Staub- oder Sandsturm, wobei große Staub- oder Sandmengen durch heftige Wirbelstürme in große Höhen transportiert werden; die Vorderseite des fortschreitenden Sturms kann die Gestalt einer gigantischen Wand annehmen;

4. Staub- oder Sandwirbel, wobei Staub- und Sandteilchen sowie kolloide Beimengungen von der Erdoberfläche in Form von Turbulenzsäulen geringen Durchmessers und mit ungefähr senkrechter Achse emporgetragen werden;

5. Rauch; er wird als Suspension von aus Verbrennungen herrührenden Partikeln in der Luft definiert.

Industrieexhalationen verursachen oft Trübungen.

Warmfronten

Eine Warmfront kündigt sich an

Goldene Wolkenfetzen hoch über dem Horizont, manchmal erscheinen sie wie mit einem Pinsel hingemalt, sind sicherlich kein Grund, einen Wasserurlaub rasch abzubrechen. Trotzdem signalisieren sie eine Wetteränderung und kündigen eine heranziehende Warmfront an. Diese Wolkenart gehört zur Gruppe der hohen Wolken und zeigt an, daß in einer Höhe von etwa 10 km der Zustrom von Warmluft beginnt. Das Hauptmerkmal dieser Federwolken, Cirren genannt, ist ihre Anordnung in Bündeln, die oft zusammenlaufen. Sie bestehen aus winzigen, in der Sonne funkelnden Eisnadeln. Zu den Grundtypen von Wolken in einer Höhe von über 6 km gehören auch Cirrocumulus und Cirrostratus. In die Gruppe von Wolken mittlerer Höhe zwischen 2 und 6 km gehören Altocumulus und Altostratus. In der Nacht können wir dank ihrer Anwesenheit optische Erscheinungen am Mond beobachten. Nimbostratus, Stratocumulus und Stratus bilden die Gruppe der niedrigen Wolken einer Warmfront, sie treten in Höhen bis zu 2 km auf.

Hohe Wolken der Art Cirrus

Eine besondere Gruppe bilden die Wolken mit vertikalem Aufbau vom Typ Cumulus und Cumulonimbus. Mit ihrer Untergrenze befinden sie sich in der Höhe niedriger Wolken, aber ihre Gipfel reichen oft in die Gebiete hoher Wolken hinein. Neben den angeführten Wolkenarten gibt es noch zahlreiche Abarten, worauf wir allerdings in unserem Buch nicht näher eingehen werden.

Ohne Zweifel hängen Cirren mit Warmfronten zusammen. Ob und inwieweit sich das Wetter tatsächlich verschlechtern wird, hängt noch von der atmosphärischen Gesamtzirkulation, von der Entwicklung des Druckfeldes und den Bewegungen der Tiefs, die die Verlagerung ganzer Frontensysteme bestimmen, ab. Auch im Zusammenhang mit schwachen Fronten können wir

Fast regelmäßig ausgeformte, büschelförmige Wolken der Art Cirrus

Am Horizont Wolken der Art Cirrus, über dem Horizont Wolken der Art Cirrocumulus.

Wolken dieses Typs am Himmel beobachten; diese Fronten bringen keine ausgesprochene Wetterverschlechterung mit sich, und wenn überhaupt, nur am Rand der Front, dann allerdings verschlechtert sich das Wetter in einem anderen Gebiet und nicht dort, wo die Cirren beobachtet werden.

Gemeinsam mit Cirren treten am Himmel oft weitere hohe Wolken vom Typ Cirrocumulus, die sich durch feine Furchen und haufenartige Gebilde auszeichnen, sowie Schichtwolken vom Typ Cirrostratus auf; diese sind ein sicheres Anzeichen für eine Wetterverschlechterung. Cirrostraten ähneln einem Schleier, durch den die Sonnenstrahlen noch gut gelangen können; sie

verursachen oft Halo-Erscheinungen, wie z. B. Sonnenringe und Vollmond.

Cirrostraten gehen sehr oft in mittelhohe, häufig noch teilweise durchsichtige Altostraten über, die schon ein nahezu sicheres Anzeichen für eine Wetterverschlechterung sind. Im Winter bedeutet solch eine Wetteränderung steigende Temperaturen und anhaltende Schneefälle, im Sommer Regen und Abkühlung.

Allerdings können wir nicht mit einem bloßen Blick auf den Himmel feststellen, ob die Warmfront, deren Nahen uns die Cirren anzeigen, Niederschläge mit sich bringen wird oder nicht. Zu diesem Zweck müßten wir noch die Wetterkarte studieren. Erst mit ihrer Hilfe könnten wir Informationen u. a. über das Niederschlagsgebiet der Front sowie die Art und Intensität der Niederschläge gewinnen.

Cirrostratuswolken gehen in Altostratuswolken über — eine Warmfront ist im Anzug.

Cirren im Licht der Abendsonne. (Am darauffolgenden Tag wird ein Sonnenbaden wahrscheinlich nicht mehr möglich sein.)

Eine Warmfront nähert sich

Warmfronten verlagern sich im Vergleich zu Kaltfronten langsam. Deshalb vergeht vom Zeitpunkt, wo wir am Himmel Cirren beobachten, noch eine geraume Zeit, etwa ganze 24 Stunden, bis sich das Wetter tatsächlich verschlechtert. Mit einer nahenden Warmfront bilden sich in einer Höhe von 2 bis 6 km über der Erde allmählich mittelhohe Wolken. Bei der Abschätzung, ob das Wetter sich verschlechtern wird, können sich allerdings auch einige mittelhohe Wolken als unzuverlässig erweisen. Sie treten nämlich auch an zerfallenden Fronten bzw. hinter Warmfronten im sogenannten Warmsektor auf. Erst eine zusammenhängende Schichtbewölkung vom Typ Altostratus weist unmittelbar auf das Nahen einer Warmfront hin.

Die mit einer Warmfront zusammenhängende Bewölkung verursacht wahrscheinlich Beschwerden, wie etwa gewöhnliche Kopfschmerzen. Über der Wolkenschicht lagern andere, neu hinzugekommene wärmere Luftmassen, die gleichzeitig andere elektrische Eigenschaften besitzen. Eben diese andersartigen elektrischen Eigenschaften in den höheren Schichten der Atmosphäre beeinflussen möglicherweise den Gesundheitszustand eines Menschen, noch bevor die Bodenfront eintrifft.

Mann kann annehmen, daß die Bewölkung einer Warmfront weiter zunehmen und dichter werden und wahrscheinlich zu Regen bzw. Schnee führen wird. Eine Warmfront kündigt sich außerdem noch durch fallenden Luftdruck sowie sich verschlechternde horizontale Sicht an. Mit zunehmender Bewölkung nimmt die Sonneneinstrahlung ab und die Tagestemperaturen sinken. Nachts dämpft die Bewölkung die Ausstrahlung von der Erdoberfläche, schon vor dem Eintreffen der Warmfront steigen die Nachttemperaturen an.

Mittelhohe Wolken der Art Altocumulus bilden sich nicht nur vor, sondern auch hinter einer Warmfront oder gegebenenfalls auch unabhängig von Frontensystemen heraus.

Eine zusammenhängende, durchscheinende Wolkendecke der Art Altostratus

Unmittelbar vor und hinter einer Warmfront

Wenn sich eine Warmfront nähert, nimmt die Bewölkung zu. Etwa 300 km vor der Schnittlinie der Frontfläche mit der Erdoberfläche tauchen am Himmel niedrige Wolken vom Typ Stratus, manchmal auch Stratocumulus und in zunehmendem Maße Nimbostraten auf, die zu Regen oder Schneefällen führen. Im Gebirge können wir oft zwei Bewölkungsschichten beobachten: Unterhalb unseres Standpunktes sehen wir die niedrige Bewölkung vom Typ Stratus, über uns die mittelhohe Bewölkung vom Typ Altostratus, durch die oft noch schwach die Sonne zu erkennen ist.

Vom fliegenden Flugzeug aus können wir uns gut davon überzeugen, daß die Warmfronten begleitende Bewölkung aus mehreren Schichten besteht. Wir können diese Wolken ruhig und ohne Gefahr durchfliegen, da es dort nur schwache auf- oder absteigende Luftströmungen gibt. Schwierigkeiten kann es beim Landen nahe einer Warmfront geben, da sich die untere Grenzschicht der niedrigen Bewölkung vor dieser Front auf einem Niveau von nur 400 m über der Erdoberfläche befinden kann. Das Regengebiet einer Warmfront kann bis zu 300 km breit sein, das Schneefallgebiet bis zu 400 km. In diesem Niederschlagsgebiet bildet sich durch Verdunstung von Regentropfen oft Nebel, der die Sicht wesentlich beeinträchtigen kann.

Einige übereinander befindliche Wolkendekken einer Warmfront: oben durchscheinende Altostratuswolken, unten überwiegt die Gattung Stratus.

Nimbostratuswolken bringen anhaltenden, ausgiebigen Regen mit sich.

Wenn wir auf einem Ausflug oder im Urlaub in einen Dauerregen geraten, fragen wir uns natürlich, wie lange der Regen wohl noch anhalten wird. Das ist selbst für einen Meteorologen vom Fach eine schwierige Frage. Man kann immer noch nicht genau vorhersagen, wieviel und wie lange Niederschlag fallen wird, auch nicht mit Hilfe der modernen Technik in Gestalt von Radar, künstlichen Erdsatelliten und Computern. An einer fortschreitenden Warmfront kann es einige Stunden lang regnen oder schneien, an schwachen Fronten nur einige Minuten oder gar nicht. Aus der synoptischen meteorologischen Praxis ist allerdings auch eine Reihe von Fällen bekannt, wo sich eine Warmfront überhaupt nicht fortbewegt, wo sie stagniert. Oft entsteht eine Warmfront aus einer ehemaligen gewellten Kaltfront, die sich gegen die Bewegungsrichtung der ursprünglichen Kaltfront fortbewegt. In Mitteleuropa ist die häufigste Ursache für eine solche Entwicklung das Alpenmassiv, das bei spezifisch beschaffenem Druckfeld als Bremse für die von West nach Ost fortschreitenden Fronten wirkt. Bildet sich über den Alpen ein Tief mit ausgeprägten Temperaturkontrasten heraus, kommt es zu Regen- oder Schneefällen, die kein Ende nehmen und zu Hochwasser oder Schneekalamitäten führen können. Auf diese gefährlichen Wettererscheinungen wollen wir erst im Zusammenhang mit Kaltfronten näher eingehen.

Die Warmfront auf dem Satellitenbild

Auf der von einem Wettersatelliten aus aufgenommenen Fotografie (S. 129) ist ein ausgeprägtes Frontensystem mit einem kräftigen Tiefdruckgebiet, dessen Kern nördlich von Schottland liegt, zu erkennen. (Die Aufnahme stammt vom 11. Oktober 1980.) Am unteren Bildrand sind der Golf von Biskaya sowie die Küste von Spanien und Portugal zu erkennen. Auch die Gletscher und die Schneedecke in den Kammlagen der Alpen und Pyrenäen sind sichtbar. Im rechten oberen Teil des Fotos erkennen wir die Konturen Südskandinaviens sowie die südnorwegischen Fjorde.

Vom meteorologischen Standpunkt aus ist dieses Foto vor allem wegen der mächtigen Bewölkung des Frontensystems interessant. Vom Zentrum des Tiefdruckgebiets im linken oberen Teil des Fotos geht die zusammenhängende mächtige Wolkenzone einer Okklusionsfront aus. Weiter südlich teilt sich die Wolkenzone, und zwar in eine zusammenhängende hohe Bewölkung einer Warmfront, die sich der norwegischen Küste nähert, und in eine mächtige Cumulusbewölkung einer Kaltfront, die sich über dem Atlantischen Ozean in südwestlicher Richtung erstreckt. Eben dort haben die Luftmassen Feuchtigkeit aufgenommen, und deshalb ist die Bewölkung so mächtig. Anhand dieser Aufnahme können sich die Meteorologen ein gutes Bild von der horizontalen und vertikalen Mächtigkeit der Bewölkung machen und daraus auch schließen, mit welcher Intensität atmosphärische Niederschläge fallen werden. Sie können die Lage der Wolkenzonen mit der Lage, die durch die Analyse von Wetterkarten festgestellt worden ist, vergleichen und entsprechend präzisieren. Auf dem Bild ist zu erkennen, wie die Bewölkung der Warmfront über den Kanal nach Mitteleuropa übergreift, wo sie unter der Wirkung eines Gebiets höheren Luftdrucks ziemlich aufgelockert ist.

Ungefähr 20 solcher Bilder werden auf der gesamten Erde täglich empfangen. Die einzelnen Aufnahmen überdekken sich gegenseitig, und zwar nicht nur zwei aufeinanderfolgende, sondern auch Aufnahmen, die von verschiedenen Erdumkreisungen stammen. Während der Satellit die Erde annähernd in einer Polumlaufbahn umkreist, dreht sich die Erde um ihre eigene Achse, und jede Serie von Aufnahmen knüpft so an die Serie der vorausgegangenen Umkreisung an. Innerhalb von 24 Stunden nehmen so die Satellitenkameras die Wolkensysteme im globalen Maßstab auf. Aus der Gesamtheit der Aufnahmen kann man sich dann ein globales Bild über die Verteilung und die Bewegung der Bewölkung auf der Erde machen.

Nicht auf allen Aufnahmen können wir uns jedoch (wie in unserem Beispiel) an den Umrissen des europäischen Kontinents orientieren. In die Aufnahmen wird deshalb das Netz der geographischen Längen- und Breitenkreise, das zuvor von einem Computer errechnet worden ist, eingezeichnet. Erst dann beginnt der Meteorologe die Wolkensysteme zu studieren und ihre Lage mit der aus der Frontenanalyse gewonnenen zu vergleichen. Die Angaben für das Einzeichnen der geographischen Längen und Breiten errechnet der Computer aus den Koordinaten und der Höhe des Satelliten. Außer den geographischen Längen und Breiten werden dem

Meteorologen noch das Datum und die Uhrzeit der Aufnahme mitgeteilt, was natürlich unerläßlich ist, um die Satellitenaufnahme mit einer Wetterkarte vergleichen zu können. Die Bahnhöhe der Wettersatelliten ist verschieden hoch: Wenn sie sich auf einer Polumlaufbahn bewegen, beträgt sie etwa 1000 km, für geostationäre Satelliten beträgt sie ungefähr 36 000 km.

Die Wolken eines Frontensystems; die Wettersatellitenaufnahme stammt vom 11. Oktober 1980.

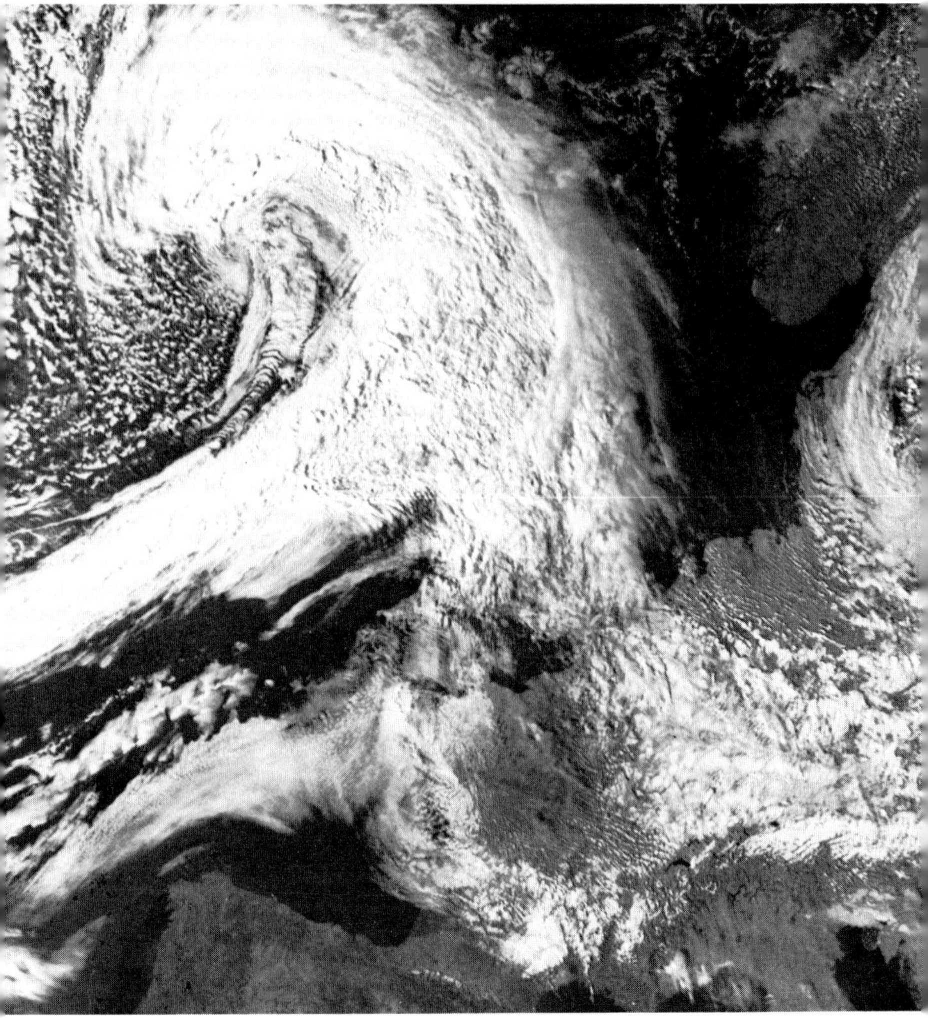

Die Kaltfront

Wie sie sich ankündigt

Kleine Haufenwolken können manchmal Anzeichen für eine sich nähernde Kaltfront sein; ohne Kenntnis der Gesamtwetterlage kann man jedoch nicht feststellen, ob dieses Anzeichen nicht trügt und die Haufenwolken nicht etwa infolge einer lokalen Luftüberwärmung entstanden sind. Sehen wir am Himmel allerdings eine zusammenhängende Wand von Haufenwolken, ist nicht daran zu zweifeln, daß sich eine Kaltfront mit Schauern und Gewittern nähert. Diese Haufenwolken zeichnen sich durch eine deutlich sichtbare waagerechte Untergrenze und einen eigenen Schatten aus. Ziehen sie schon in den Vormittagsstunden auf, ist fast mit Sicherheit zu erwarten, daß sich aus ihnen Wolken vom Typ Cumulus congestus und eventuell auch Gewitterwolken (Cumulonimbus) entwickeln werden. Bei diesen Wolken ist deutlich ein vertikaler Aufbau zu erkennen (sie haben ein blumenkohlartiges Aussehen). In diesen Wolken herrschen aufsteigende Luftströmungen vor, deshalb sind sie bei Segelfliegern begehrt, die in ihren Flugzeugen mitunter bis zu den Gipfeln dieser Wolkengebirge gelangen.

Haufenwolken entwickeln sich vor allem im Frühjahr und Sommer. Sie entstehen dort, wo feuchte ozeanische Luft erwärmt wird. In Europa treten sie so vor allem in Westeuropa und Skandinavien auf, wo das Wetter vom Atlantischen Ozean geprägt wird. In Mitteleuropa ist diese Bewölkungsart seltener. Noch seltener ist sie in Osteuropa anzutreffen, wo trockenes Kontinentalklima vorherrscht.

Haufenwolken entstehen also, wenn Luft lokal erwärmt wird und sich aufsteigende Luftströmungen bilden (oft be-

Cumulus humilis in Cumulus congestus übergehend, mit der typischen horizontal verlaufenden Untergrenze. Sie wird Schönwetterwolke genannt. Nach länger anhaltendem heiterem Wetter kann sie jedoch Vorbote einer Kaltfront sein.

Bei fortschreitender vertikalen Entwicklung entsteht die Wolkenart Cumulus congestus. Von dieser Art läßt sich noch nicht eindeutig sagen, ob sie weiter wachsen oder sich in den Abendstunden wieder auflösen wird.

günstigt von natürlichen Hindernissen wie Gebirgen) oder wenn sich eine Kaltfront nähert. Im ersteren Fall verschwinden die Haufenwolken im Verlauf des Nachmittags oder Abends wieder, oder es kommt lediglich zu lokalen Gewittern. Signalisiert diese Bewölkung jedoch eine Kaltfront, können wir mit einer deutlichen Wetterverschlechterung und Abkühlung rechnen. Manchmal kann die Entwicklung der Haufenbewölkung durch Wärmeadvektion in höheren Schichten zum Erliegen kommen. Den Zustrom von Warmluft erkennen wir an einer hohen dicken Wolkenschicht.

Um festzustellen, ob sich tatsächlich eine Kaltfront nähert, müssen wir beachten, wo sich die Haufenbewölkung formiert. Geschieht dies am südwestlichen, westlichen oder nordwestlichen Himmel, ist mit sehr großer Wahrscheinlichkeit der Durchzug einer Kaltfront zu erwarten, die nicht nur Segelfliegern unangenehm werden kann, sondern z. B. auch Bauern, die ihr Heu unter Dach und Fach bringen wollen. Informationen über die Ausprägung dieser Front, über die Temperaturkontraste in ihrer Nähe, darüber, ob sie zu einer anhaltenden oder nur kurzfristigen Wetterverschlechterung, zu Gewittern oder lediglich Schauern führen wird, können wir jedoch nur von Meteorologen erlangen, denn diese haben die Möglichkeit, die Wetterentwicklung in großen räumlichen (vor allem horizontalen) und zeitlichen Ausmaßen zu studieren.

In einer Kaltfrontzone

Kaltfronten ziehen — im Unterschied zu Warmfronten — sehr schnell und unerwartet auf. Sie verhalten sich in den Polargebieten, in der gemäßigten Zone und den Subtropen jeweils anders. Wir wollen die Kaltfronten über Europa, d. h. also vor allem Kaltfronten der gemäßigten Zone, betrachten. Auch hier ist ihr Verhalten von der geographischen Lage und der Jahreszeit abhängig. Eine von Island nach Skandinavien vordringende Kaltfront bewegt sich sehr rasch fort und zeichnet sich meist durch sehr ergiebige Niederschläge aus. Mittel- und noch ausgeprägter osteuropäische Fronten bewegen sich oft nur langsam fort und liefern keine Niederschläge.

Wir wollen nunmehr die einzelnen meteorologischen Elemente an Kaltfronten auch in Abhängigkeit von der Jahreszeit eingehender betrachten:

Auch diese etwas helleren Haufenwolken sind einer sommerlichen Kaltfront zuzuordnen.

Das zusammenhängende Feld von Wolken mit ausgeprägtem vertikalem Aufbau kündigt das Nahen einer Kaltfront an.

Bewölkung

Die Bewegung einer Kaltfront können wir uns als Bewegung eines Kaltluftkeils vorstellen, der Warmluft vor sich herschiebt (siehe Einleitung). Daher zeichnet sich die Bewölkung der Kaltfrontspitze durch deutliche aufsteigende Luftströmungen (Aufwinde) aus, die die Luft mit dem in ihr befindlichen Wasserdampf in die Höhe treiben. Da die Temperatur mit zunehmender Höhe abnimmt, kondensiert der Wasserdampf und es bilden sich Haufenwolken vom Typ Cumulus congestus und Gewitterwolken vom Typ Cumulonimbus. Zur Sommerszeit ist die vertikale Mächtigkeit der Gewitterwolken viel größer als im Winter; in der gemäßigten Zone reichen ihre Gipfel bis zu einer Höhe von 13 km. Im Winter, wenn sich die Erdoberfläche nicht so stark erwärmt, sind die aufsteigenden Luftströmungen schwächer, die Bewölkung der Kaltfront ist niedriger, auch die mit der Bewölkung einhergehende Dämpfung des Sonnenlichts ist geringer als im Sommer.

Eine Vorstellung über die Breite von Frontalzonen können wir uns am besten machen, wenn wir Aufnahmen von Wettersatelliten studieren. Bei schwach ausgeprägten Fronten ist sie nur einige Dutzend Kilometer breit, während bei ausgeprägten Fronten die Breite bis zu mehreren Hundert Kilometern betragen kann. Die flächenmäßige und räumliche Mächtigkeit der Bewölkung hängt u. a. von den Luftdruckwerten im Kern des Tiefs ab. Das Wolkenfeld einer Kaltfront ist oft Hunderte Kilometer lang, in Europa reicht es häufig von Skandinavien bis zum Mittelmeer. Bei ihrem Fortschreiten über dem europäischen Kontinent schwächen sich die Kaltfronten allmählich ab, mit zunehmender Entfernung vom Atlantischen Ozean nehmen die Bewölkung und die Niederschlagstätigkeit ab.

Haufenwolken mit ihrer horizontalen Untergrenze lassen darauf schließen, daß das Schönwetter anhalten wird. Im Hintergrund ist jedoch am Horizont ein einige Kilometer breites Wolkenfeld einer Kaltfront zu sehen. Seine Gesamtlänge kann mehr als 1000 km betragen.

Niederschläge

Die an Kaltfronten auftretenden Niederschläge sind viel heftiger und ergiebiger als die an Warmfronten. Die Regentropfen bzw. Schneeflocken sind größer. Im Sommer fallen aus Wolken an der Kaltfront häufig auch Hagelkörner, deren

Diese Gewitterwolke einer Kaltfront kann zu einem gefährlichen Hagelschlag führen. Ihre vertikale Entwicklung wurde nicht nur durch die Kaltfront, sondern auch durch einen Gebirgskamm begünstigt.

Entstehung wir schon besprochen haben (s. S. 100).

Die Regen- und Schneefälle an Kaltfronten sind meist schauerartig, sie halten nicht lange an. Eine Ausnahme bilden hier gewellte Fronten. Die Ergiebigkeit von Gewitterschauern an Kaltfronten ist meist beträchtlich: Eine Niederschlagsmenge von 50 mm (dies entspricht einer Menge von 50 l/m^2) innerhalb einiger weniger Stunden ist keine Seltenheit. Im Sommer gehen Regengüsse mit Gewittern, die sich am intensivsten im Juni und Juli herausbilden, einher. Aber auch in den Wintermonaten sind Gewitter möglich. Heftige Schneeschauer können zu Verwehungen führen und damit den Straßen- und Eisenbahnverkehr ernsthaft gefährden.

Obwohl die Niederschlagsgebiete an Kaltfronten mehr oder weniger zusammenhängend sind, ist die Niederschlagsintensität im allgemeinen von Ort zu Ort sehr unterschiedlich. Eine gute Vorstellung von der örtlichen Verteilung und Intensität der Niederschläge vermitteln uns die Aufzeichnungen von Radarmessungen. Eine laufende Beobachtung der Niederschlagstätigkeit sowie der vertikalen Mächtigkeit der Bewölkung mittels Radar schafft eine gewisse Möglichkeit, Gebiete mit Hochwassergefahr zu lokalisieren. Genauere Vorstellungen über die Menge der gefallenen Niederschläge erhalten wir erst durch Auswertung der entsprechenden Aufzeichnungen von Wetterstationen. Die Beobachter in den entsprechenden Wetterstationen messen die gefallenen Niederschlagsmengen alle 12 Stunden, aber bei Hochwassergefahr werden sie auf Anweisung eines nationalen Wetterzentrums auch öfter, etwa alle 3 Stunden, gemessen. Die gefallenen Niederschlagsmengen werden in eine sogenannte Niederschlagskarte eingetragen. Anhand dieser Angaben können wir dann die örtlichen Unterschiede in der Niederschlagsmenge gut verfolgen. Es ist überhaupt nicht ungewöhnlich, daß eine Station einen intensiven Regenguß mit beispielsweise 30 mm Niederschlagsmenge zu verzeichnen hat, während es in einer Entfernung von einigen Kilometern fast gar nicht geregnet hat. In der Regel ist in den Bergen an der Luvseite von Hängen eine erhöhte frontale Niederschlagstätigkeit zu beobachten.

Die von Ort zu Ort unterschiedliche Dichte der Bewölkung einer Kaltfront führt auch zu örtlich unterschiedlich intensiven Niederschlägen.

Wind

Kaltfronten hängen mit Tiefdruckgebieten zusammen; so wächst mit Annäherung der Front der Druckgradient (siehe Einleitung) und verstärkt sich die Luftströmung. Die Windgeschwindigkeit ist um so größer, je niedriger die Luftdruckwerte im Zentrum des Tiefs sind. Geschwindigkeiten von 100 km pro Stunde bilden keine Ausnahme. Zu den größten Geschwindigkeitszunahmen sowie zu den heftigsten Böen mit rasch wechselnden Windrichtungen kommt es in unmittelbarer Nähe der Front. Die Windrichtung hängt von der Gesamtwetterlage ab. An Kaltfronten, die von Westen her ziehen, wehen vor der Front südöstliche, südliche bis südwestliche Winde. Nach Durchzug der Front herrschen westliche bis nordwestliche Winde vor.

Luftdruck

Vor dem Durchzug einer Kaltfront ist der Luftdruck manchmal gleichbleibend. Meistens fällt er jedoch, denn mit heranrückender Kaltfront nähert sich auch ein Tiefdruckzentrum. Nach dem Durchzug einer Kaltfront steigt der Luftdruck in der Regel steil an, und zwar um so steiler, je kälter die Luft hinter der Kaltfront ist. Auf der Aufzeichnung eines Barographen ist ein deutlicher Knick in der Druckkurve festzustellen; anhand dieses Knicks können wir sehr gut ablesen, wann die Front den Meßort passiert hat. Kommt es nach dem Durchzug einer Kaltfront nicht zu dem erwarteten Anstieg des Luftdrucks, sondern sogar zu einem weiteren Fallen, liegt dies entweder daran, daß sich die Front wellt und als Warmfront zurückkehrt, oder aber daran, daß sich das gesamte Druckfeld ändert bzw. die gesamte Wetterlage umschlägt.

Temperatur

Schon der Name Kaltfront besagt, daß wärmere Luftmassen durch kältere verdrängt werden. Der Temperaturkontrast zwischen ihnen hängt vor allem von der Herkunft der kälteren (neuen) Luftmassen sowie von der Jahreszeit ab. Bei einigen Kaltfronten ist die Abkühlung so gering, daß wir sie kaum bemerken. Es gibt jedoch auch Fälle, bei denen Fronten binnen weniger Stunden einen Umschlag von heißem sommerlichem Wetter mit Lufttemperaturen über 30 °C zu kühlem Wetter mit Temperaturen von etwa 10 °C bewirken können. Im Winter wiederum können Temperaturen um +10 °C sehr schnell auf Temperaturen bis −20 °C herabsinken. Das geschieht in der Regel dann, wenn auf der Rückseite einer Kaltfront arktische Luft aus Nord bis Nordost nach Mitteleuropa einströmt. Bei westlichen ozeanischen Luftströmungen macht sich eine Kaltfront im Winter oft durch eine Erwärmung in Bodennähe bemerkbar; die herangeführten Luftmassen haben über dem Meer bzw. dem Golfstrom Wärme aufgenommen und sind so wärmer als die verdrängten Luftmassen.Von der Temperatur vor und hinter der Front hängt der Aggregatzustand der Niederschläge ab. In der winterlichen Jahreshälfte, wenn die Temperaturen sich um den Gefrierpunkt bewegen, kündigt sich eine Kaltfront zunächst mit Regen an. Erst nach Durchzug der Kaltfront gehen die Regen- in Schneeschauer über.

Die zu erwartende Temperatur nach Durchzug einer Kaltfront vorherzusagen ist nicht schwer. Der Meteorologe geht von der Temperatur der herangeführten Luftmassen aus; trotzdem kann er aber nicht einfach die heute in Stockholm, das von der Kaltfront bereits überquert wurde, herrschende Temperatur der morgen in Warschau zu erwartenden zugrundelegen, das diese Front erst noch passieren wird. Er muß vielmehr noch die geographische Breite des Vorhersageortes beachten, was eine gewisse Transformation, etwa eine Erwärmung der Luftmassen, bedeuten kann. Außerdem ist (im obigen Beispiel) der Einfluß der Ostsee und der Umstand zu berücksichtigen, ob die Front den Vorhersageort tags- oder nachtsüber passieren wird. Nehmen wir einmal an, die Front hat Stockholm mittags oder nachmittags passiert. Da die Bewölkung den Sonnenschein ziemlich eingeschränkt hat, wurden nur niedrige Höchsttemperaturen festgestellt. Über Warschau zieht diese Front dann bei Nacht. Das bedeutet, daß es tagsüber schon aufgeheitert sein wird und die Tageshöchsttemperaturen in Warschau infolge des sonnigen Wetters bedeutend höher liegen werden als tags zuvor in Stockholm. Es kann natürlich auch der umgekehrte Fall eintreten: Die Front passiert Stockholm bei Nacht, und für Warschau ist ihr Durchzug bei Tage zu erwarten. Dann müssen die für Warschau vorhergesagten Tageshöchsttemperaturen niedriger liegen als die hinter der Front gemessenen Tageshöchsttemperaturen in Stockholm.

Horizontale Sichtweite

Vor dem Durchzug einer Kaltfront ist die Sicht im sogenannten Warmsektor meist sehr schlecht, es kommt manchmal zu Nebelbildung und Nieselregen. Da die Kaltfront neue, reinere Luft heranführt, verbessert sich die Sicht nach ihrem Durchzug deutlich. Wenn im Herbst oder Winter langanhaltende Temperaturinversionen vorliegen, beendet die Kaltfront dieses unangenehme, nebelige Wetter.

Nach dem Durchzug einer Kaltfront verbessert sich die horizontale Sichtweite beträchtlich, sie beträgt dann oft mehr als 50 km.

Gefährliche Wettererscheinungen der Kaltfront

Zu den mit einer Kaltfront zusammenhängenden gefährlichen Wettererscheinungen gehören:

1. Hagelschlag; er kann sich auf die Obst- und Getreideernte katastrophal auswirken. Er beschädigt Gebäudedächer und Autos. In Extremfällen kann er auch Menschenleben gefährden.

2. Gewitter; für Menschen, die sich in der freien Natur, insbesondere auf erhöhten Stellen oder im Gebirge aufhalten, können Gewitter lebensgefährlich sein. Sie können mitunter auch ausgedehnte Wald- und Gebäudebrände verursachen. Heutzutage sind bei der Aufspürung von Bränden in ausgedehnten unbewohnten Waldgebieten Wettersatelliten ein unentbehrlicher Helfer, denn eben der sich im Anfangsstadium eines Waldbrandes entwickelnde Qualm ist auf den Satellitenaufnahmen sehr gut zu erkennen.

3. Heftige Regengüsse; sie sind insbesondere dadurch gefährlich, daß sie zu plötzlichem Hochwasser führen können.

4. Heftige Stürme; sie sind gefährlich für im Bau befindliche Hochhäuser, für Kräne, für startende und landende sowie insbesondere für leichte, auf dem Flugplatz abgestellte Flugzeuge, für elektrische Freileitungen, für Schiffe auf dem Meer und großen Binnenseen und für Wälder.

Im Winter gehört hierzu insbesondere ein plötzlicher Temperatursturz, vor allem von Werten über Null unter den Gefrierpunkt. Dann kann es zum Erliegen insbesondere des Straßenverkehrs kommen, in Tagebauen kann die Förde-

Die an einer Kaltfront auftretenden Winde mit Hagelschlag gefährden die Ernte.

Böen können Bäume auch entwurzeln.

Extrem heftige Niederschläge haben eine Straße unter Wasser gesetzt.

rung gestört werden, und weitere Komplikationen können eintreten.

In der Vegetationszeit gehören auch Frost oder bereits Bodenfrost zu den gefährlichen Wettererscheinungen. Solche leichten Fröste entstehen, wenn die Erdoberfläche während einer klaren Nacht Wärme ausstrahlt; die primäre Ursache ist wiederum eine Kaltfront, die viel kältere Luftmassen heranführt.

Die Kaltfront auf dem Satellitenbild

Als das Foto der Kaltfront (S. 143) aufgenommen wurde, war auf der entsprechenden Wetterkarte eine sich von Grönland nach Irland erstreckende Tiefdruckrinne mit einem Frontensystem zu verzeichnen. Die Warmfront des Systems hat sich bereits aufgelöst; so sehen wir auf der Aufnahme deutlich das Wolkengebiet der Kaltfront. Sehr gut sind die Umrisse der Britischen Inseln zu erkennen. Aus der Anordnung der Bewölkung nördlich von Island ist dort auf eine teilweise Wellung der Kaltfront zu schließen. Weiterhin ist dort deutlich ein Luftwirbel zu erkennen, der auf das Zentrum des Tiefs hinweist. In der Nähe dieses Zentrums sind auch Reste der von der Warmfront herrührenden Bewölkung auszumachen.

Die Aufnahme ist außer durch die Bewölkung der Kaltfront noch durch die Haufenwolken hinter der Front in der kalten Luft über dem Atlantischen Ozean interessant. Die für Fotografen so interessanten Haufenwolken, von denen schon einige Male die Rede war, sehen vom Standpunkt außerhalb der Atmosphäre etwas anders aus, und zwar eher wie Wattebäusche, die über einem dunklen Untergrund schweben. Die Bewölkungszone dieser Front ist verhältnismäßig schmal, und interessanterweise war festzustellen, daß die Front bei ihrem Fortschreiten nach Osten, und zwar sogar noch über Mitteleuropa, Regen mit sich brachte.

Außer Informationen über die Verteilung frontaler und nichtfrontaler Bewölkung können erfahrene Fachleute aus Satellitenfotos auch Informationen über die vertikale Mächtigkeit und den Typ der Bewölkung, über ihre einzelnen Schichten, über den Wind und den Verlauf des Strahlstroms sowie über die Stabilität bzw. Labilität in der untersten Atmosphärenschicht, der Troposphäre, gewinnen. Diese Charakteristika lassen sich aus dem Helligkeitsgrad der Wolken, ihrer Struktur, Gestalt sowie ihren Abmessungen ermitteln.

Solch ein Satellitenbild liefert dem Meteorologen ergänzende Informationen über eine auf der Wetterkarte abgebildete Kaltfront, wenn er dort die durch sie hervorgerufenen Wettererscheinungen studiert. Um sich sein Bild von den gegenseitigen Zusammenhängen zwischen den Frontensystemen über einem größeren Gebiet der Erdoberfläche zu vervollständigen, muß der Fachmann mehrere Serien von Aufnahmen, die von mehreren aufeinanderfolgenden Erdumkreisungen stammen, untersuchen. Weniger detaillierte, dafür aber komplexe Vorstellungen von der frontalen und nichtfrontalen Bewölkung über einem größeren Gebiet des Erdballs vermitteln geostationäre Satelliten in einer Höhe von 36 000 km. Auf von ihnen übermittelten Aufnahmen können wir zum Beispiel den Entwicklungsstand der Bewölkung von Nordamerika über den Atlantischen Ozean bis nach Europa und Westasien hin mit einem Blick erfassen.

Der schmale Streifen einer Bewölkung (etwa Bildmitte) trennt die Warmluft (rechts im Bild) von der Kaltluft (links im Bild) ab.

Luftmassen

Aus dem, was wir bisher über Fronten wissen, folgt, daß diese Fronten mit extremem Wetter zusammenhängen. Heiteres Wetter hätte demnach nichts mit Fronten gemein. Wir können feststellen, daß die Luft manchmal sauber und klar, manchmal jedoch trübe ist. Der erste Fall tritt nach Durchzug einer Kaltfront, der zweite nach Passieren einer Warmfront ein. Der Gesamtcharakter des Wetters, gleich ob innerhalb einer Luftmasse oder an ihrer Begrenzung, d. h. einer Front, hängt von der Richtung der vorherrschenden Luftströmung und der

Warmluft tropischen Ursprungs. Es herrscht ausgesprochen schlechte Sicht.

Maritime Luft gemäßigter Breiten. Es herrscht gute Sicht.

Herkunft der zu uns herangeführten Luftmassen ab.

Nach ihrer geographischen Herkunft werden die Luftmassen folgendermaßen eingeteilt: 1) Tropikluft, 2) Luftmassen der gemäßigten geographischen Breiten, 3) Polarluft (arktische bzw. antarktische Luft), 4) Äquatorialluft. Gemäß einer Sekundärklassifikation unterscheiden wir noch kontinentale und maritime Luftmassen. Über Mitteleuropa befinden sich Luftmassen der gemäßigten Zone. Im Winter entstehen sie meist durch Transformation arktischer Luft, im Sommer hingegen durch Transformation von Tropikluft.

Maritime Tropikluft

Die Ursprungsgebiete, wo maritime Tropikluft sich mit ihren charakteristischen Eigenschaften, insbesondere bezüglich der meteorologischen Elemente Temperatur und Feuchtigkeit, formiert, sind Hochdruckgebiete über dem Atlantischen und Stillen Ozean. Im Atlantik ist es das bekannte Azorenhoch. Diese Luftmasse ist durch hohe Temperaturen, hohe relative Luftfeuchtigkeit und auch durch eine hohe Taupunkttemperatur gekennzeichnet. Bei aufsteigenden Luftströmungen kommt es so rasch zur Wasserdampfkondensation.

Maritime Tropikluft strömt um das Azorenhoch herum über den Nordatlantik nach Europa. Auf ihrem Wege kühlt sie sich über dem kühleren Nordatlantik ab. Dadurch nimmt die Stabilität der Atmosphäre zu, die Ausbildung kräftiger Haufenwolken wird verhindert, es kommt oft zur Inversion. Diese Stabilität wird häufig weder durch Kaltfronten noch durch orographische Hindernisse allzusehr beeinträchtigt. Häufig kommt es zur Sättigung der Luft mit Wasserdampf und zur Kondensation. Im Winter bilden sich niedrige Schichtwolken und Nebel aus. Im Sommer kommt es oft weder zur Wolken- noch Nebelbildung, da die maritime Tropikluft auf ihrem Weg über dem Kontinent erwärmt wird; es herrscht warmes Wetter vor, allerdings verschlechtert sich meist die Sicht. Im Wetterbericht ist dann vom Einfluß des Azorenhochs die Rede, was bedeutet, daß das vorherrschende Schönwetter nur durch gelegentliche Schauertätigkeit der Frontensysteme unterbrochen wird.

Kontinentale Tropikluft

Kontinentale Tropikluft entsteht im Winter über den Wüstengebieten Nordafrikas, im Sommer außerdem noch in Ostasien und Südeuropa, in Nordamerika über den Dürregebieten der USA, vor allem im Gebiet des Mississippi. Besucher der Schwarzmeer- oder Adriaküste können sie bei ihren Reisen auf der Balkanhalbinsel kennenlernen. Es handelt sich um eine sehr heiße und trockene Luft. Wenn sie bei einer südlichen bis südöstlichen Strömung nach Europa vordringt, bringt sie eine anhaltende Trockenperiode mit sich. Wenn diese Luft jedoch übers Meer gelangt, nimmt sie dort das verdunstende Wasser auf, und allmählich verwandelt sich die kontinentale Luft in maritime.

Maritime Tropikluft kühlt sich auf ihrem Wege nach Norden über dem Meer ab, die Wolken weisen so keinen ausgeprägten vertikalen Aufbau auf.

Maritime Luft gemäßigter geographischer Breiten

Ein Gebiet im Nordatlantik in der Nähe von Island sowie ein Gebiet im Nordpazifik in der Nähe der Alëuten sind Heimatgebiete zweier Tiefs, des sogenannten Islandtiefs bzw. des sogenannten Alëutentiefs. In diesen Gebieten formiert sich die maritime Luft der gemäßigten geographischen Breiten mit ihrer niedrigen Temperatur, ihrer niedrigen Taupunkttemperatur, hoher Feuchte und relativer Stabilität. Wenn diese Luftmassen bei vorherrschenden nordwestlichen Strömungen in südlichere Breiten gelangen und über dem europäischen Festland allmählich erwärmt werden, nimmt ihre Stabilität ab, und es bilden sich Wolken mit ausgeprägtem vertikalem Aufbau. Im Winter kommt es über dem Festland zu keiner Erwärmung; aufsteigende Luftbewegungen sind wenig ausgeprägt, es entsteht nur eine niedrige Bewölkung, oft vom Typ Stratus. Das Vorherrschen maritimer Luftmassen ist an einer ausgezeichneten Sicht oder an Haufenwolken zu erkennen.

Maritime Luft gemäßigter Breiten erwärmt sich über dem Festland, und es bilden sich so rasch Haufenwolken.

Arktische Luft und kontinentale Luft gemäßigter geographischer Breiten

Das Ursprungsgebiet arktischer Luft sind die ausgedehnten, mit ewigem Eis und Schnee bedeckten Polargebiete einschließlich der nördlichen Gebiete Eurasiens und Nordamerikas. Wenn arktische Luft in die gemäßigte Zone vordringt, sprechen wir meist von Luft arktischen Ursprungs. Sie zeichnet sich durch niedrige Temperatur, niedrigen Taupunkt, niedrige Feuchte sowie beträchtliche Stabilität aus, selten kommt es zur Bildung von Haufenwolken. Im Winter bringt sie von Norden oder Nordosten strenge Fröste sowie lediglich gelegentliche, meist schwache Schneefälle nach Mitteleuropa. Auch im Sommer bewirkt sie zunächst eine Abkühlung; da sie sich aber infolge der warmen Erdoberfläche rasch erwärmt, stellt sich Schönwetter ein. Auf ihrem Weg nach Süden wird die arktische Luft zu kontinentaler Luft der gemäßigten Zone. Lediglich arktische Luft, die aus den polaren Gebieten Nordamerikas über den Atlantik wandert, wird zu maritimer Luft.

Arktische Luft, die im Winter oft bis nach Mitteleuropa vordringt, führt kaum zur Wolkenbildung und läßt die Temperaturen weit unter den Gefrierpunkt herabsinken.

Äquatorialluft

Äquatorialluft entsteht und behauptet sich in einer breiten Zone längs des Äquators zwischen den subtropischen Hochdruckgebieten. Sie zeichnet sich durch sehr hohe Temperaturen und in den Küstengebieten durch eine beträchtliche Feuchte aus. Für die Bewohner der gemäßigten Zone ist das Wetter, das die Äquatorialluft mit sich bringt, sehr unangenehm. Der Unterschied zwischen den durchschnittlichen Sommer- und Wintertemperaturen ist viel geringer als in der gemäßigten Zone, da die Sonne am Äquator immer nahe dem Zenit steht. Auch der horizontale Temperaturgradient ist sehr gering. Das hat auch zur Folge, daß wir im Äquatorialgebiet im Gegensatz zur gemäßigten Zone keine ausgeprägten Frontensysteme antreffen. Trotzdem treten dort intensive Niederschläge und Gewitter auf.

Die typischen Winde im Äquatorialgebiet sind die Passate. Auf der Nordhalbkugel wehen sie von Nordost zum Äquator. Im Winter reichen sie auch über den Äquator hinaus und drehen nach Südost ab. Auf der Südhalbkugel wehen diese Winde von Südost. Im Sommer reichen sie über den Äquator hinaus und werden zu Südwestwinden.

Mit den Äquatorialluftmassen hängen teilweise auch die jahreszeitlichen Winde, Monsune genannt, zusammen. Sie entstehen infolge des Temperatur- und damit auch des Druckunterschieds zwischen den Weltmeeren und den Kontinenten. Hauptsächlich treten diese Winde in Indien und China auf, aber auch aus Nordostaustralien, aus Äquatorialafrika sowie aus Nordamerika sind sie bekannt. Da sich im Sommer das asiatische Festland stark erwärmt, entsteht dort ein ausgedehntes Tiefdruckgebiet, das die feuchten Südwestwinde bewirkt, die vom Meer aufs Festland wehen. Die Ernährung der übervölkerten Gebiete in Indien und anderswo hängt davon ab, ob die feuchten, zu Niederschlägen führenden Monsune eintreffen oder nicht. Im Winter entsteht dagegen über dem asiatischen Festland ein ausgedehntes Hochdruckgebiet, und so weht ein kalter Monsun von Nordost aufs Meer. Der Name Monsun stammt aus dem Arabischen und bedeutet „Jahreszeit".

Dort, wo die verschiedenen Luftmassen aufeinandertreffen, bilden sich Frontalzonen, und es entstehen atmosphärische Fronten. Die Fronten bilden ein mehr oder weniger zusammenhängendes Band um die ganze Erdkugel. Auf den Wetterkarten sind sie jedoch häufig unterbrochen, denn nicht immer gelingt es, Wettererscheinungen festzustellen, aus denen sich ihr Verlauf bestimmen ließe.

Äquatorialluft. Es herrscht gute Sicht.

Äquatorialluft mit Wolken der Gattung Stratus und Cumulus

Die **Polarfront** bildet die Grenzfläche zwischen den Luftmassen der gemäßigten geographischen Breiten und der Tropikluft. Im Winter verläuft sie über dem Atlantischen Ozean ungefähr von Florida nach Südengland, im Sommer von Neufundland nach Nordschottland.

Die **Arktisfront** bildet die Trennfläche zwischen arktischer Luft und den Luftmassen gemäßigter geographischer Breiten. Im Sommer ist die Front für die Meteorologen der gemäßigten Zone belanglos, im Winter verläuft sie dagegen sehr oft in unseren Breiten.

Die **Mittelmeerfront** formiert sich im Winter. Sie verläuft vom westlichen zum östlichen Rand des Mittelmeeres und trennt die kontinentale Luft der gemäßigten Breiten von der kontinentalen Tropikluft Nordafrikas.

Die **Innertropische Front** ist die bewegliche Grenze der äquatorialen Luftmassen, die durch die regelmäßigen Passate von der Nord- und Südhalbkugel zum Äquator hin transportiert werden. Ihr mittlerer Verlauf ist von der Jahreszeit und der Verteilung von Meer und Festland abhängig. Im Winter befinden sich die äquatorialen Luftmassen vor allem südlich des Äquators (auf der Südhalbkugel herrscht ja Sommer!), im Sommer dagegen nördlich des Äquators.

Der Mensch und die vier Jahreszeiten

Frühling und Aprilwetter

Das Symbol für den wahren Frühling ist vielleicht der blühende Löwenzahn. Ist das Wetter heiter, zeigt sich seine Blüte in strahlendem Gelb, bei Regenwetter schließen sich seine Blüten. Der meteorologische Frühling beginnt viel früher. Als seinen Anfang sehen wir auch nicht den astronomischen Frühjahrsbeginn an (Äquinoktium — 21. März), sondern den Zeitpunkt, da die bislang über Mitteleuropa vorherrschenden nordwestlichen Strömungen von südwestlichen abgelöst werden und die Schneedecke rasch verschwindet. Manchmal kommt es zu diesem Umschwung schon in der ersten Märzhälfte, manchmal hält die winterliche Zirkulation noch nach dem Äquinoktium vor. Bergbewohner haben einen kühlen März lieber. Sie sagen daß ein vorzeitiger Einzug des Frühlings ein bis weit in den April sich hinziehendes kühles Wetter mit Schneematsch bedeutet.

Löwenzahn reagiert sehr empfindlich auf Wetteränderungen. Wenn es regnet, schließen sich unverzüglich seine Blüten.

Im April herrscht oft das sprichwörtliche Aprilwetter. Es gibt zwar keine von Fachleuten anerkannte Definition für Aprilwetter, trotzdem weiß jeder, was darunter zu verstehen ist: eine rasche Aufeinanderfolge von strahlendblauem und wolkenverhangenem Himmel, von Sonnenschein und Regen- oder Schneeschauern. Aus dunklen Wolken fallen Regen- oder Schneestreifen, Virga genannt. Zu diesem Schauerwetter, verbunden mit einem raschen Austausch maritimer Luftmassen, kommt es bei westlichen bis nordwestlichen Strömungen. Die einzelnen Frontensysteme gelangen dabei meist aus Grönland oder Island über Schottland und die Nordsee nach Mitteleuropa. Dieses Wetter verführt wahrscheinlich kaum jemanden zu Frühlingsspaziergängen. Manchmal kommt es vor, daß bereits im April die Tageshöchsttemperatur auf

Schon Ende April kann fast sommerlich warmes Wetter mit Schönwetter-Haufenwolken herrschen.

über 20 ° C ansteigt, wobei sich dann bereits Haufenwolken bilden und es auch schon zu Gewittern kommen kann.

Wollen wir selbst das Wetter vorhersagen, müssen wir außer der Bewölkung auch den Wind einkalkulieren. Eine grobe Regel kann uns bei Westwind behilflich sein: Das heute bei uns herrschende Wetter herrschte gestern etwa 600 km westlich von uns und wird morgen weit im Osten herrschen. Zu Frühlingsbeginn gilt, daß es im allgemeinen am wärmsten wird, wenn südwestliche bis südliche Winde wehen (mit nahendem Sommer sind jedoch Südostwinde die wärmsten), und daß es am kältesten bei nordöstlichen Winden, später bei nordwestlichen bis westlichen Winden wird. Zur geringsten Bewölkung kommt es bei östlichen Winden, zur stärksten bei westlichen bis südwestlichen. Regen ist am wenigsten wahrscheinlich bei nordöstlichen Winden, am wahrscheinlichsten bei südlichen bis südwestlichen Winden (allerdings kann bei diesen Winden nicht nur ausnahmsweise auch heiteres und warmes Wetter herrschen). Wenn wir die künftige Wetterentwicklung aus der Windrichtung ableiten wollen, müssen wir beachten, daß die eigentliche Windrichtung in Bodennähe durch Berghindernisse verfälscht wird. In einem tiefen Gebirgstal z. B. werden Winde, die im Zuge des Tales wehen, vorherrschen; diese sind natürlich für eine Wettervorhersage ungeeignet. Auch Winde, die an der Küste wehen, können uns irreführen, da dort neben den Winden, die eine Wetteränderung mit sich bringen, auch Winde vorkommen, die von der Tages- und Nachtzeit abhängig sind.

Wenn im Mai kalte arktische Luft in unseren Raum eindringt, kann es zu Eisansatz kommen, der für die Pflanzenwelt gefährlich ist.

Mit dem Frühling sind die meisten volkstümlichen Wetterregeln verknüpft, da diese Jahreszeit für die kommende Ernte von entscheidender Bedeutung ist. Zum Beispiel heißt es: Ist der Mai kühl und naß, füllt's dem Bauern Scheun' und Faß. Die vielleicht bekanntesten volkstümlichen Sprüche und Bauernregeln beziehen sich auf die sogenannten Eisheiligen (Eismänner, Gestrengen Herren). Nach dem Heiligenkalender der römisch-katholischen Kirche sind der 11., 12. und 13. Mai den Heiligen Mamertus, Pankratius und Servatius geweiht. Erfahrungsgemäß kam es an diesen Tagen oft zu einem plötzlichen Kälteeinbruch. In manchen Gegenden treten noch der 14. und 15. Mai (Bonifatius und „kalte" Sophie) hinzu. Obgleich es in der Vergangenheit auch Jahre gab, in denen es um den 12. Mai herum zu keiner deutlichen Abkühlung kam, wiederholt sich im allgemeinen das Eindringen von kalten Luftmassen aus nordwestlichen bis nordöstlichen Richtungen nach Mitteleuropa in der ersten Maihälfte. Die über die Ostsee und über Mitteleuropa nach Süden strömende arktische Luft kommt meist erst an den Alpen zum Stehen. Oft bewirkt sie jedoch auch in Südeuropa, insbesondere auf der Balkanhalbinsel, eine gewisse Abkühlung. Die Eisheiligen sind insbesondere für den Obstbau kritisch. Die künftige Ernte hängt davon ab, ob die Temperaturen in diesem Zeitraum sich über Null halten oder nicht. Neben erfrorenen Blüten an Obstbäumen kann es zu weiteren Schäden kommen. In diesem Zeitraum kann es noch recht häufig ausgiebig schneien. Der Schnee und das Eis belasten mit ihrer Masse die belaubten Bäume mehr als im Winter die kahlen. So können Zweige, Triebe oder ganze Kronen abbrechen.

Auf den Frühling beziehen sich noch viele andere Bauernregeln. Eine besagt: Wenn es am St.-Medardus-Tag (8. Juni) regnet, regnet es 40 Tage lang. Für eine langfristige Wettervorhersage ist es natürlich unerheblich, ob es genau am 8. Juni regnet, und ausschlaggebend ist

Eine warme südöstliche Strömung kann schon im März zu einer beträchtlichen Erwärmung führen.

Schneefall und Baumblüte können beim Vordringen von arktischer Luft nach Mitteleuropa gemeinsam auftreten.

auch nicht jegliche Art von Regen. Entscheidend ist vielmehr die Entwicklung der atmosphärischen Zirkulation, die gerade Anfang Juni häufig sogenannten zonalen Charakter annimmt, d. h., daß eine westliche maritime Strömung vorherrscht. Diese durch eine Änderung der Richtung entstandene Luftströmung wird manchmal fälschlicherweise europäischer Monsun genannt. Diese westliche maritime Strömung kann relativ lange anhalten. Vom Atlantischen Ozean gelangen dabei nach Mitteleuropa Frontalstörungen, die nicht nur die erwünschte, sondern mitunter auch zuviel Feuchtigkeit mit sich bringen. Solch eine Witterung kann uns einen Urlaub im Frühsommer verderben. Vor allem bereitet sie aber beim Erdbeeranbau und bei der Heuernte Sorgen. Daß in diesem Zeitraum dennoch in Mitteleuropa nicht so übermäßig viel Niederschläge fallen, können wir daraus ersehen, daß hier die Landwirte das Heu nicht auf Drähten oder Schnuren trocknen, wie das im regenreichsten Gebiet Europas, in der Küstenregion Norwegens, üblich ist.

Nichtsdestoweniger wiederholt sich die Abkühlung im Juni eines jeden Jahres, wie wir aus langfristigen Temperaturbeobachtungen ersehen können. Der Zeitraum vom 12. bis 20. Juni wird manchmal Schafskälte genannt. Die Bauernregeln widmen ihr weniger Aufmerksamkeit, da diese Temperaturstürze der Vegetation schon nicht mehr schaden können. Der Name Schafskälte rührt daher, daß früher in dieser Zeit oft Lämmer erfroren.

Sommer und Urlaubszeit

Erntearbeiten auf den Feldern und starker Urlaubsreiseverkehr gehören zum Sommer ebenso wie Sonnenschein und Haufenwolken. Die jeweilige Tages- und Nachtlänge an einem gewissen Ort ist astronomisch vorgegeben, die Anzahl der heiteren und der trüben Tage hängt aber von der Entwicklung der Wetterlage ab. Wenn über Mitteleuropa Hochdruckgebiete vorherrschen, gibt es einen schönen, heißen Sommer, und wir sehnen uns nicht nach einem Urlaub an heißen südlichen Stränden. Bei zyklonaler Tätigkeit oder Tiefdruckeinfluß würden wir jedoch sicherlich einen Urlaub in einem Mittelmeerland vorziehen. Unter dem Gesichtspunkt der Witterung betrachtet, ist es im wesentlichen gleich, wo wir Urlaub machen, wenn auch der Wettercharakter nicht in der gesamten Mittelmeerregion gleich ist. Das beständigste und heißeste Wetter herrscht auf der Pyrenäenhalbinsel, jedoch können dort insbesondere zu Sommersbeginn kühle ozeanische Luftmassen von Nordwesten eindringen und zu Gewittern mit ergiebigen Regengüssen führen. Sonst überwiegt dort fast den ganzen Sommer über heißes Wetter mit Temperaturen bis um 40 °C.

Auch in Südfrankreich und Italien ist es im Sommer sehr heiß; die Alpen wirken als Schutz vor kalten nördlichen Luftströmungen. Lediglich in Norditalien ist gelegentlich der Einfluß von Alpentiefs zu verspüren: Es kommt zu ergiebigen Niederschlägen und manchmal auch zu Überschwemmungen im Tal des Po. Auch die südfranzösische Atlantikküste kann uns manch unangenehme Überraschung bereiten.

In Jugoslawien zeigt sich das Wetter im Sommer von sehr verschiedenen Seiten. Die Berge im Binnenland begünstigen die Entwicklung von Haufenwolken, und so kommt es hier im Sommer, besonders im Frühsommer, zu häufigen Gewittern, und das Wetter ist ausgesprochen kühl. An der jugoslawischen Adriaküste, die durch Gebirge vor kalten Nord- und Nordostwinden geschützt ist, herrscht jedoch im Sommer meist heißes Wetter mit Lufttemperaturen von etwa 30 °C und Wassertemperaturen von ungefähr 23 °C. Dieser Kontrast zwischen dem Binnen- und Küstenklima ist im Spätsommer und Frühherbst besonders ausgeprägt.

Der Ausläufer der Balkanhalbinsel, Griechenland, hat dank seiner südlichen Lage noch wärmeres Wetter als Jugoslawien. Wollen wir die Akropolis in Athen oder die freigelegten Altertümer von Mykene oder das Amphitheater in Epidauros besichtigen, sollten wir die weniger heiße Witterung im Früh- oder Spätsommer vorziehen. Im Hochsommer steigen dort die Temperaturen über 40 °C an. Nur im Frühjahr können wir dort eine saftiggrüne und blühende Vegetation antreffen, die im Sommer infolge Niederschlagsmangels und intensiven Sonnenscheins ausgedörrt ist. Das griechische Binnenland ist ausgesprochen gebirgig, so gibt es auch in Griechenland einen ausgeprägten Kontrast zwischen dem Klima im Binnenland und an der Küste. An den Hängen des Olymps, des höchsten griechischen Berges, ist von November bis April Skisaison; an den herrlichen Stränden des Ägäischen Meeres unweit vom Olymp dagegen herrschen noch Anfang Oktober Wassertemperaturen von über 20 °C.

Zu begehrten Erholungsgebieten gehören auch die Badestrände am Schwarzen Meer in Bulgarien, Rumä-

Sommerwetter in der gemäßigten Zone inmitten eines Hochdruckgebietes

nien und der Sowjetunion. Auch dort herrscht schönes, sonniges Wetter vor, aber im Unterschied zur Adria gelangen dennoch öfter kältere Luftmassen von Norden über die weiten ukrainischen Ebenen ungehindert ins Schwarzmeergebiet. Geschieht das im Früh- oder Spätsommer, vertreibt der kalte Wind die Badegäste bestimmt von den Stränden. Das Gebiet von Sotschi und Suchumi ist vor diesen Winden durch den Gebirgskamm des Großen Kaukasus geschützt, deshalb ist es dort auch wärmer als etwa in Odessa. Unweit von der Schwarzmeerküste ragen die Bergriesen des Kaukasus bis zu Höhen von über 5000 m ü. M. empor, ihre Hänge sind auch im Sommer ein Paradies für Skisportler. Das Klima im georgischen und armenischen Binnenland trägt schon leicht kontinentalen Charakter, die Unterschiede zwischen Tages- und Nachttemperaturen sind ziemlich hoch. An dem 1903 m über NN in den Bergen gelegenen Sewansee können im Sommer sehr häufig Tageshöchsttemperaturen von 30 °C beobachtet werden, während nachts die Temperaturen dort auf 0 °C absinken.

Eine solche Witterung ist natürlich in Westeuropa, wohin die ozeanischen Luftmassen ständig genügend Feuchtigkeit und Bewölkung transportieren und wo echte Sommertage manchmal sehr rar sind, nicht anzutreffen. Häufig bildet sich allerdings, insbesondere im Frühsommer, ein stabiles Hochdruckge-

Das Wetter an der Atlantikküste in Südfrankreich ist von einer langen Sonnenscheindauer geprägt; aber auch Wind, Schauer und Brandung sind dort normal.

Sommerliche Wolken ozeanischer Herkunft

biet über den Britischen Inseln, der Nordsee und Südskandinavien heraus. Für diese Zeit können wir Angebote von Reisebüros für Urlaubsreisen an die südenglische Küste oder an die südschwedische Küste am Kattegat getrost annehmen. Als Hochsommer gilt hier bereits der Zeitraum Ende Juni/Anfang Juli, wo die Tage am längsten sind. Auch von einem Ostseeurlaub können wir bei günstigem Sommerwetter braungebrannt zurückkehren. Wenn wir aber Pech haben und Frontalstörungen das Wetter prägen, wird unser Urlaub verregnet und stürmisch sein.

Selbst ein Ausflug in die sogenannte Küche des europäischen Wetters nach Island oder an die norwegische Küste am Polarkreis, wo, bildhaft gesprochen, das europäische Wetter zubereitet wird, wäre durchaus interessant. Obwohl im Land der Fjorde fast das ganze Jahr über Tiefdruckgebiete mit Frontalstörungen das Wetter bestimmen, vollbringt die Sonne am Polarkreis wahre Wunder; am 21. Juni geht sie dort überhaupt nicht unter, der Polartag beginnt. Da die Erdoberfläche nachts fast keine Wärme ausstrahlt und das Wetter außerdem vom warmen Golfstrom geprägt wird, sind die durchschnittlichen Tagestemperaturen im Sommer ziemlich hoch. Noch im Juni finden wir am Polarkreis eine fast geschlossene Schneedecke vor, Ende Juni oder Anfang Juli verschwindet sie jedoch sehr schnell, und die Pflanzenwelt erwacht aus ihrem langen Winterschlaf, um in einem kurzen Sommer alles Versäumte nachzuholen. Betrachten wir etwa die Blaubeeren: Ende Juni sind sie erst vom Schnee befreit, bis Ende August schaffen sie es, zu blühen, zu verblühen und zu reifen; ihre Früchte sind außerordentlich süß.

Das mitteleuropäische Sommerwetter wird durch eine der drei folgenden Wetterlagen geprägt: Von Island verlagert sich ein Tief über Skandinavien und die Ostsee nach Osten, oder es strömen südwestliche oder südliche Luftmassen aus dem Mittelmeergebiet, oder ein kontinentales Hochdruckgebiet befindet sich über Osteuropa. Im ersten Falle ist es meist bewölkt, und es kommt zu gelegentlichem Regen. Im zweiten Falle liegt typisches warmes Sommerwetter vor, wobei es oft zu Gewittern kommt. Im dritten Falle ist das Wetter trocken und heiß.

Wenn wir unseren Urlaub zu Hause, in der mitteleuropäischen gemäßigten Zone verbringen wollen, fragen wir uns besorgt, wie das Wetter wohl sein wird. Bei der zeitlichen Planung des Urlaubs lassen wir uns manchmal von der Langfristvorhersage der Meteorologen leiten. Einige suchen auch Zuflucht in der Volksweisheit, wie sie uns von unseren Vorfahren in den Wetterregeln überliefert ist. Für Ende Juni bietet sich hier eine besonders bekannte Regel zu den Siebenschläfern, dem Fest der sieben Schläfer an. Gemäß dieser Regel sollte es, wenn es am 27. Juni regnet, weitere sieben Wochen regnen. Inwieweit diese Regel zuverlässig ist, untersuchte im Jahre 1952 der deutsche Meteorologe J. Hoffmeister. Er verglich die Niederschlagsmengen, die an einigen Orten in Nordwestdeutschland in den Jahren 1856—1935 im fraglichen Zeitraum gefallen waren. Das Untersuchungsergebnis war widersprüchlich, und die allgemeine Gültigkeit der Siebenschläferregel bestätigte sich nicht. Es gab zwar Jahre, in denen diese Regel zutraf; doch sind diese Jahre eher die Ausnahme.

Warme südwestliche Strömungen führen im Sommer zur Herausbildung von mächtigen Wolken und zu zahlreichen Gewittern.

Altweibersommer und Herbst

Auf der Nordhalbkugel beginnt der astronomische Herbst am 23. September, wenn die Sonnenstrahlen um 12 Uhr Ortszeit am Äquator senkrecht einfallen. Dieser astronomische Herbstanfang bedeutet jedoch nicht, daß genau an diesem Tag das warme Sommerwetter aufhört. Manchmal wehen schon Anfang September kühle, unangenehme Winde, manchmal verabschiedet sich der Sommer von uns erst im Verlauf des Oktobers. Dann sprechen wir vom Altweibersommer. Durchschnittlich dauert der Altweibersommer in Mitteleuropa acht bis sechzehn Tage, aber manchmal auch nur zwei bis drei Tage. Es sind jedoch auch Fälle bekannt, in denen der Altweibersommer den ganzen Oktober über anhielt. Schönes Herbstwetter, das uns noch an den Sommer erinnert, ist nicht nur für Europa charakteristisch. In Amerika wird die analoge Witterungserscheinung Indianersommer genannt, sie hält dort im allgemeinen viel länger an als in Europa, oft bis in den November hinein.

Die meteorologischen Ursachen für den Altweibersommer sind anhaltende Hochdruckgebiete über Mittel- und Osteuropa sowie Luftströmungen aus dem Mittelmeergebiet. Im Juli und August führen solche Wetterlagen zur Haufenwolkenbildung mit gelegentlichen Gewittern. Das Altweibersommerwetter ist jedoch überwiegend heiter, nur morgens ist es nebelig, und zwar vor allem in Flußtälern und in der Nähe von Bächen und anderen Gewässern. Die Entstehung des Nebels läßt sich dadurch erklären, daß die Sonnenscheindauer und -intensität viel kürzer bzw. geringer ist als im Sommer, die Luft weniger erwärmt wird und die Erdoberfläche nachts viel mehr Wärme ausstrahlt. In den Bergen pflegt zu dieser Zeit das schönste Wetter zu sein, wie geschaffen für Bergtouren. Meist ist es heiter und warm, nur in den Tälern kommt es zur Nebelbildung.

Ein Herbstbeginn in Gestalt des Altweibersommers ist bestimmt angenehm, aber die atmosphärische Zirkulation im Herbst hat auch andere, weniger angenehme Seiten. Dazu gehören vor allem kühle und manchmal sehr heftige Winde, meist aus West bis Nordwest.

Typischer Morgennebel im Altweibersommer, er wird sich rasch auflösen.

Ein Sonnentag im Altweibersommer. Die hohe Bewölkung kündigt das Nahen einer Warmfront an.

Diese Winde werden dadurch verursacht, daß sich die polare Frontalzone und die Tiefdruckgebiete weiter nach Süden, bis nach Südskandinavien und das Ostseegebiet, verlagern. Wenn die Meteorologen die atmosphärische Gesamtzirkulation auf der Nordhalbkugel studieren, bemerken sie oft schon Ende August oder Anfang September tropische Zyklone; die heftigsten werden Hurrikane genannt (wie sie entstehen und sich fortbewegen, haben wir bereits im Abschnitt über Hurrikane kennengelernt). Auf ihrem Weg über das Meer verlieren die Zyklone den Großteil ihrer gewaltigen Energie und werden zu ganz gewöhnlichen Tiefdruckgebieten. Wenn sie für die europäischen Meteorologen interessant zu werden beginnen, sind sie meistens im isländischen Raum angelangt, und ihr Weg führt weiter über die Nord- und Ostsee in Richtung Osten. Über dem europäischen Festland verlieren die Tiefdruckgebiete weiter an Kraft und lösen sich über Osteuropa oder über Westasien meistens allmählich auf. Der Wind an ihren Kaltfronten ist bei weitem nicht so stark wie beim Entstehen einer tropischen Zyklone, aber dennoch kann er selbst für größere Schiffe auf der Nord- und Ostsee gefährlich werden.

Über Mitteleuropa herrscht das ganze Jahr über eine westliche maritime Strömung vor, die konkrete Windrichtung hängt aber noch von der Verteilung der Druckgebilde ab. Westwind bedeutet im Herbst die Heranführung relativ warmer Luft, wobei es an den einzelnen Fronten zu atmosphärischen Niederschlägen kommt. In Mitteleuropa beträgt die Gesamtniederschlagsmenge

Die Bildung von Haufenwolken bei einer westlichen ozeanischen Strömung im Herbst

Mit fortschreitendem Herbst sinkt die Höhe der Nullgrad-Isotherme, in den Gipfellagen der Gebirge fällt der erste Schnee.

im Herbst ungefähr die Hälfte der Niederschlagsmenge vom Monat Juli, dem niederschlagsreichsten Monat des Jahres. Bei Westwinden fallen diese Niederschläge fast den ganzen Herbst über als Regen; ausgenommen sind die höheren Gebirgsregionen vor allem in den Alpen, aber auch in der Hohen Tatra oder in den Karpaten kommt es schon zu den ersten Schneefällen.

Dieser Neuschnee — meist ist es herrlicher Pulverschnee, der in den Alpen auf Gletschereis fällt — wird von ungeduldigen Skifans genossen. Bereits im Oktober sind in Höhenlagen um 2500 m über NN ideale Wintersportbedingungen anzutreffen, während unten im Tal, in einer Höhe von 500 m über NN, noch schönes Warmwetter mit Tageshöchsttemperaturen um 10 °C herrscht. Dieser Temperaturunterschied ist nicht verwunderlich, wenn wir uns klarmachen, daß die mittlere Temperaturabnahme mit 100 m Höhenzunahme 0,6 °C, d. h. mit 2000 m Höhenzunahme etwa 12 °C beträgt. So herrscht also auf den Gletscherhängen in einer Höhenlage von 2500 m über NN eine Temperatur von —2 °C, eine für den Skisport recht angenehme Temperatur.

Die nordwestliche Strömung zeichnet sich meistens durch viel stärkere Winde aus als die westliche Strömung und führt nach Mitteleuropa auch viel kältere Luftmassen aus den Gebieten von Island und Grönland heran. Wenn diese Strömung Anfang November einsetzt, kann sich die volkstümliche Wetterregel, daß der hl. Martin (11. November) auf einem weißen Pferd angeritten kommt, bewahrheiten.

Nördliche bis nordöstliche Strömungen sind natürlich noch kälter. Wir sprechen dann vom Eindringen arktischer Luft, die insbesondere in der zweiten Herbsthälfte bewirken kann, daß die Temperaturen unter den Gefrierpunkt sinken. Solch eine starke Abkühlung kann speziell dem Landwirt Sorgen bereiten, wenn die Erntearbeiten für einige

Feldfrüchte, besonders für Zuckerrüben, erst in der Endphase begriffen sind.

Strömungen aus Ost bis Südost gehen im allgemeinen mit trockenem und relativ kühlem Wetter einher. Nach Mitteleuropa werden kontinentale Luftmassen von den russischen Steppen oder der Balkanhalbinsel herangeführt. Winde aus Süd bis Südwest kündigen warme Tage an. Im Spätherbst treten sie jedoch nur noch sehr selten auf.

Im Herbst sind über Mitteleuropa auch Hochdruckgebiete durchaus gang und gäbe. Während des Altweibersommers gibt es noch genug Sonnenschein. Mit fortschreitendem Herbst werden Nebel häufiger, die einer Landschaft zwar einen gewissen Reiz verleihen können, aber auch zu einem ernsten Hindernis für den Verkehr zu Lande und in der Luft werden können. Aus Nebel entstehen allmählich sehr niedrige Wolken mit Temperaturinversionen. Diese Bewölkung lagert über ausgedehnten Niederungen und kann sich den ganzen Tag über halten, wir sprechen dann vom trüben Novemberwetter. Wenn wir uns jedoch höher in die Berge begeben oder nur einige Hundert Meter mit einem Flugzeug aufsteigen, bietet sich uns ein herrlicher Blick auf ein Wolkenmeer, aus welchem im Sonnenlicht gleisende Berggipfel hervorragen.

Herbstfrost beim Eindringen arktischer Luft nach Mitteleuropa

Winter

Könnte man doch schon im Oktober vorhersagen, was für ein Winter uns erwartet — ob er streng oder milde, schneearm oder -reich sein wird! Dies würde nicht nur die Skifans, sondern vor allem all jene interessieren, denen das Heizen obliegt, ob nun zu Hause oder in den Kesselhäusern großer Heizwerke. Der Winter führt zu Schwierigkeiten in Tagebauen, zu einer Erhöhung des Elektroenergieverbrauchs und zu Komplikationen im Verkehr jeglicher Art, sowohl auf Flüssen als auch auf den Straßen, auf der Schiene, auf dem Meer und in der Luft.

Es gibt Wetterregeln, die besagen, daß ein warmer Oktober einen kalten Januar prophezeit oder daß der Oktober und der März sich in allem gleichen. Obwohl sie eine gewisse Berechtigung haben, was mit einem möglichen 90- bzw. 150-Tage-Rhythmus in der atmosphärischen Zirkulation zusammenhängt, kann man mit ihrer Hilfe dennoch nicht die Wetterentwicklung im bevorstehenden Winter abschätzen. Mit Sicherheit können wir nur behaupten, daß er astronomisch am 21. Dezember beginnt, wenn die Sonnenstrahlen am südlichen Wendekreis mittags zur Ortszeit senkrecht einfallen. Wie sich das Winterwetter jedoch gestalten wird, hängt von der atmosphärischen Zirkulation und davon ab, inwiefern der Atlantische Ozean und der Golfstrom ihren Einfluß geltend machen können.

In Westeuropa und im schmalen norwegischen Küstenstreifen sind die Winter mild und niederschlagsreich. Je weiter wir ins Binnenland kommen, desto

In den höheren Lagen kommt es bei westlichen ozeanischen Strömungen oft zu intensiven Schneefällen, der nasse Schnee setzt sich an Baumzweigen fest.

Schwanken die Temperaturen um den Nullpunkt, bilden sich Eiszapfen. Sie verleihen der Berghütte zwar ein malerisches Aussehen, können aber auch ernste Verletzungen verursachen.

Ein frostiger Spätnachmittag bei einer kalten nordwestlichen Luftströmung

weniger Niederschläge fallen und desto mehr nimmt die Kälte zu. Über den Charakter des Winterwetters in Mitteleuropa entscheidet die Verteilung der Druckgebilde sowohl über Europa selbst als auch über dem Atlantischen Ozean. Wenn sich das Hauptleittief vor allem im Gebiet von Island und Skandinavien befindet, ist die Achse des Strahlstroms von den Britischen Inseln über Nordfrankreich und Polen nach Osten gerichtet. Nach Mitteleuropa gelangen Frontalstörungen, die schnelle Wetteränderungen bewirken, wobei die Temperaturen um den Gefrierpunkt schwanken. Im Tiefland wechseln Regen und Schnee einander ab, in den Bergen sind reichliche Schneefälle zu verzeichnen.

Wenn sich jedoch die Achse des Strahlstromes nach Nordwest — Südost zu drehen beginnt, tritt ein strenger Winter mit starken Winden und meist mit Schneefällen seine Herrschaft an. Die Winde aus Nord bis Nordost bringen zwar keine so ergiebigen Niederschläge mehr, dafür aber einen Temperatursturz, d. h. strenge Fröste, mit sich.

Macht sich der kontinentale Einfluß in Gestalt einer östlichen Strömung infolge eines gewaltigen Hochdruckgebietes, das sich von Sibirien über die Ukraine nach Mitteleuropa erstreckt, bemerkbar, steigt der Verbrauch von Heizenergie spürbar. Die Strenge des Frostes hängt dann davon ab, ob auch im Tiefland eine geschlossene Schneedecke besteht oder nicht. Bei geschlossener Schneedecke strahlt die Erdoberfläche nämlich nachts bedeutend mehr Wärme ab, und es kann zu Frösten von —20 bis —30 °C und mehr kommen. Eine weitere unangenehme Erscheinung, die mit stabilen Hochs im Zusammenhang steht, sind Temperaturinversionen. Es bildet sich eine niedrige, geschlossene Wolkendecke heraus, die auch den Luftaustausch über Industriegebieten behindert, so daß sich dort der Schadstoffgehalt in den unteren Luftschichten stark erhöht. Es kommt oft vor, daß über der Wolkendecke schon wärmere Luft, unter Umständen auch mit einer Temperatur über Null, vordringt, während sich die Temperaturen in Bodennähe noch um —20 °C bewegen.

Ob in den Bergen ideale Wintersportbedingungen herrschen werden, entscheidet sehr oft schon das Wetter im Dezember. Im Dezember gehen mit westlichen bis nordwestlichen Strömungen ausgiebige Schneefälle einher. Bei westlichen bis südwestlichen Strömungen verläuft die Null-Isotherme* in einer Höhe von etwa 1500 m über NN, und bis in die mittleren Höhenlagen der Gebirge fällt kein Schnee. Die Vorhersage, in welcher Höhe die Null-Isotherme verlaufen wird, ist im Winter sehr wichtig. Damit hängen nicht nur die Schneequalität und die Schneeschmelze, sondern auch gefährliche Erscheinungen in den Bergen, wie Schneelawinen, zusammen. Bei plötzlichen Erwärmungen über Null kann es zu Lawinen kommen, insbesondere an Wächten.

An den Sträuchern ist das angesetzte Eis an einem sonnigen Wintertag sicher reizvoll; an elektrischen Freileitungen kann Eisansatz jedoch oft gefährlich sein.

Zu den gefährlichen winterlichen Wettererscheinungen, und das nicht nur in den Bergen, gehören auch Schneeverwehungen, die den Straßen- und Eisenbahnverkehr gefährden können. Autokolonnen und ganze Züge, die im Schnee steckenbleiben, sind auch in Mitteleuropa durchaus bekannte Situationen. Die norwegischen Eisenbahnstrecken zu und in den Polargebieten sind auf besondere Weise gegen Verwehungen geschützt. Einfache, aus Holz gezimmerte Schneehindernisse (Schneereiter), wie wir sie aus Mitteleuropa kennen, würden dort nicht ausreichen. An Stellen, wo mit Schneeverwehungen zu rechnen ist, sind tunnelartige Schneeschutze angebracht, die einen sicheren Eisenbahnverkehr das ganze Jahr über gewährleisten.

Außer Verwehungen begünstigt der

* Die **Isotherme** ist eine Linie auf der Wetterkarte, die Orte miteinander verbindet, die zu einer bestimmten Zeit die gleiche Temperatur haben. In Verbindung mit den Höhenlinien gibt die Null-Isotherme ein Niveau an, über dem die Temperaturen unter Null und unter dem sie über Null liegen.

Die wärmende Märzsonne hat den Schnee an den Baumzweigen schon zum Schmelzen gebracht. Die niedrige, durchscheinende Bewölkung weist auf das Vorhandensein einer schwachen Inversion hin.

Wind auch Eisansatz, der besonders für elektrische und Telefonleitungen gefährlich sein kann. Eis setzt sich an, wenn Wasser oder feuchter Schnee an Drähten, Bäumen, Säulen oder anderen Gegenständen gefriert.

Der kälteste Monat im Jahr ist gemäß langjährigen Wetterbeobachtungen in der Regel der Januar, ausnahmsweise auch der Februar. Das heißt aber nicht, daß es in diesen Monaten nicht zu einer plötzlichen Erwärmung mit regnerischem Tauwetter kommen könnte. Eine solche Erwärmung hält meist nicht lange an. Sie wird durch Zustrom warmer Luftmassen aus Südwest, manchmal auch aus Süd bis Südost, bewirkt. Eine wichtige Rolle spielt dabei das Alpentief, das mit einer ausgeprägten Temperaturscheide über Mitteleuropa zusammenhängt. Bei solch einer Wetterlage geschieht es oft, daß nach Frankreich und Deutschland sehr kalte Luft aus Skandinavien einströmt, während nach Ungarn, Ostösterreich, in die Tschechoslowakei und nach Polen warme Luft vom Mittelmeergebiet her gelangt.

Der Winter kann uns also mit vielerlei Unannehmlichkeiten überraschen. Dabei ist Europa dank dem Einfluß des warmen Golfstroms noch viel besser dran als etwa Kanada oder die östlichen Gebiete im asiatischen Teil der UdSSR.

Anfang März geht die Herrschaft des Winters zu Ende, die Temperaturen steigen, und auch in den Bergen sind die Sonnenstrahlen schon angenehm wärmend; sie bräunen die Haut und bringen den Schnee zum Schmelzen. Kommt die Erwärmung sehr plötzlich und geht sie außerdem mit starken Regenfällen einher, kommt es oft noch zu einer weiteren gefährlichen Wettererscheinung, und zwar zu Hochwasser, das mitunter durch Eisgang verschlimmert wird.

Ein bißchen Geschichte

Die ersten Thermometer

Galileo Galilei ist sicherlich allen durch seinen angeblichen Ausspruch „Und sie bewegt sich doch" bekannt. Wahrscheinlich ist er manchen auch durch die auf ihn zurückgehende mathematische Formulierung einiger Gesetze der Mechanik vertraut. Weniger bekannt ist, daß die ersten meteorologischen Beobachtungen mit Hilfe von Instrumenten aus der Wende vom 16. zum 17. Jahrhundert stammen und daß an ihrer Einführung eben der italienische Physiker, Astronom und Mathematiker Galileo Galilei entscheidenden Anteil hat. Von 1592 bis 1610 war er Inhaber des Lehrstuhls für Mathematik an der Universität Padua, und in diesen Zeitraum fallen auch seine bedeutendsten Entdeckungen. Er war Anhänger der kopernikanischen Hypothese vom heliozentrischen Weltbild. Aus Galileis für damalige Zeiten revolutionärer Weltanschauung ergab sich auch sein Bemühen um das Erkennen der atmosphärischen Erscheinungen. Solche Instrumente wie das Thermoskop (Thermometer), der Niederschlagsmesser, Feuchtigkeitsmesser und Druckmesser wurden zuerst von Galilei gebaut bzw. in Auftrag gegeben .

Die meisten meteorologischen Instrumente waren ursprünglich konstruiert worden, um physikalische Erscheinungen untersuchen zu können. Das Galileische Thermoskop fand in der Medizin seine erste Anwendung bei der Messung der Temperatur des menschlichen Körpers. Es war das erste Instrument, das es gestattete, durch aufeinanderfolgende Messungen die Temperaturen mehrerer Patienten zu vergleichen. Komplikationen entstanden, wenn nach dem Muster des Thermoskops weitere Instrumente, später wurden sie Thermometer genannt, hergestellt werden sollten. Es stellte sich heraus, daß es schon schwierig ist, zwei gleiche Thermometer zu fertigen und genau zu eichen. Die Probleme, die sich aus der unterschiedlichen Helligkeit der Röhren, der Glasart, der Meßflüssigkeit, der in der Röhre verbleibenden Luft sowie der Meßmethode ergaben, wurden erst viel später gelöst.

Erst im 17. Jahrhundert gelang es italienischen Glasbläsern in Florenz, gleichmäßig kalibrierte, mit einer Skala versehene Glasröhren herzustellen. Die Einteilung der Skala war jedoch nicht einheitlich. Die florentinischen Thermometer wurden in vier Grundausführungen hergestellt. Der eine Typ war ohne Skala, und die drei restlichen Typen waren mit verschiedenen Skalen versehen. Die beiden Fixpunkte dieser Skalen waren die Temperatur schmelzenden Eises und die Temperatur, die das Instrument anzeigte, wenn es an einem Sommertag der Mittagssonne ausgesetzt wurde. Der obere Fixpunkt der Skala war sehr ungenau, die Temperaturmessung hing so vom Wetter, der Zeit und der geographischen Lage des Meßortes ab, wo das Thermometer benutzt wurde. Zu Beginn der 2. Hälfte des 17. Jahrhunderts gelangten die florentinischen Thermometer in andere europäische Städte, z. B. nach Bologna, Parma, Modena, Mailand, Innsbruck, Warschau und Paris, d. h. zumeist in Städte, wo Jesuitenkollegien bestanden. So entstand schrittweise das erste Netz von Temperaturmeßstellen, gewissermaßen ein Vorläufer des heutigen entwickelten Netzes von Wetterwarten. Bedauerlicherweise wurden damals diese Temperaturmessungen noch nicht regelmäßig aufgezeichnet. Wir hätten heute so eine bessere Vorstellung von der Entwicklung des Klimas in Europa, wofür bei den Wissenschaftlern großes Interesse besteht. Auf der Grundlage des Studiums, wie in ferner Vergangenheit einander kalte und warme sowie feuchte und trockene Perioden ablösten, wird heute versucht, fruchtbare und unfruchtbare Zeiten vorherzusagen.

Im Jahre 1654 erwarb auch das Jesuitenkolleg in Osnabrück ein florentinisches Thermometer. Die Temperaturen wurden hier angeblich regelmäßig gemessen, schriftliche Aufzeichnungen sind jedoch nicht erhalten geblieben. Wahrscheinlich ist in dieser Zeit ein florentinisches Thermometer auch in das Klementinum, das damalige Prager Jesuitenkolleg, gelangt.

1652 begann man auf Anregung Ferdinands II., in Florenz und Pisa (Toskana) regelmäßig nicht nur die Temperatur, sondern auch die Feuchtigkeit, den Luftdruck und die Windrichtung zu messen. Auch die Bewölkung wurde beobachtet. Die gewonnenen Daten wurden in einheitlich vorgegebene Formulare eingetragen. Derartige Messungen und Wetterbeobachtungen fanden auch in anderen europäischen Orten Verbreitung, aber Aufzeichnungen aus jener Anfangszeit fehlen meist oder sind nur unvollständig. Die Toskana gilt als das Gebiet, wo um 1652 das erste Wetterbeobachtungsnetz entstand.

Ein Beispiel für ein altes Thermometer, wie wir es selbst in sehr altmodisch eingerichteten Wohnungen nicht, dafür aber in Wetterwarten vorfinden.

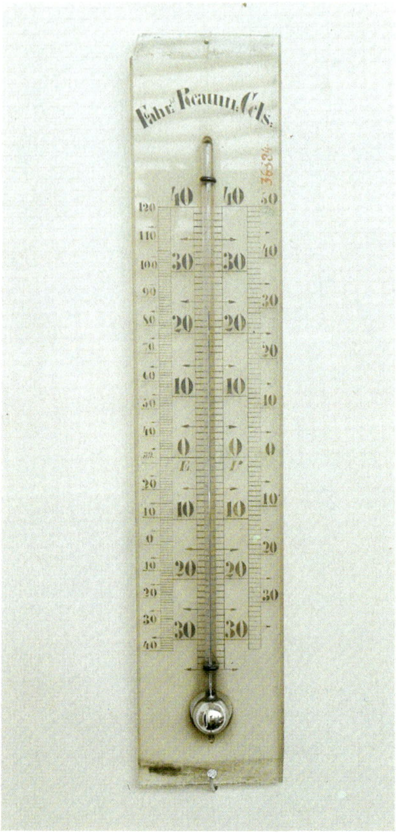

Ein etwas moderneres Thermometer: Die Skaleneinteilung ist bereits die bekannte nach Fahrenheit, Réaumur bzw. Celsius.

1660 begann man in London das Wetter systematisch zu beobachten. Die ältesten Wetterbeobachtungen überhaupt stammen wahrscheinlich aus dem Jahre 1649, als man in Clermont-Ferrand in Mittelfrankreich zwar nicht die Temperatur, sondern den Luftdruck maß. Etwas später folgte Paris mit derartigen Messungen.

Die Messungen mit den damaligen Instrumenten waren verständlicherweise nicht vollkommen präzise, ihre Vervollkommnung dauerte noch Jahrzehnte. Im Zusammenhang mit der Entwicklung der Thermometer und vor allem ihren neuen Skalierungen wurden zu Beginn des 18. Jahrhunderts die Namen des französischen Physikers und Naturforschers Réaumur, des deutschen Physikers Fahrenheit und des schwedischen Physikers und Astronomen Celsius bekannt. Die Temperaturskalen nach Celsius und nach Fahrenheit werden bis heute benutzt.

Die ersten meteorologischen Messungen und das erste Netz von Wetterwarten datieren also etwa aus der Mitte des 17. Jahrhunderts. Diejenigen Beobachtungen, die auch vom heutigen meteorologischen Standpunkt aus relevant sind, wurden jedoch erst 130 Jahre später angestellt.

Die Anfänge der wissenschaftlichen Wetterbeobachtung in Mitteleuropa, die Aufzeichnungen des Klementinums

Heutzutage wissen wir sehr wohl, wie wichtig systematische Aufzeichnungen von meteorologischen Messungen und Beobachtungen für das Studium der langfristigen Klimaentwicklung auf der Erde sind. Je länger so eine Beobachtungsreihe ist, desto besser können wir die Entwicklungsgesetze verstehen, und auf dieser Grundlage können wir auch langfristig trockene, feuchte, warme oder kalte Witterung vorhersagen.

Ist von den Anfängen eines wissenschaftlichen Wetterbeobachtens im 17. Jahrhundert die Rede, müssen wir die Bedeutung des deutschen Astronomen Johannes Kepler würdigen. Er entdeckte die drei nach ihm benannten Bewegungsgesetze der Planeten um die Sonne; er konstruierte zur gleichen Zeit wie Galileo Galilei die ersten Fernrohre. Ab 1600 wirkte Kepler in Prag und widmete sich intensiv meteorologischen Fragestellungen. Er versuchte nicht nur, das Wetter Prags in der Vergangenheit zu erklären, er suchte auch Gründe für Wetteränderungen, waren es nun irdische oder auch außerirdische. In einem Aufruf an alle Gelehrten sagte er unter anderem: „Wenn jeder an seiner Statt das Wetter fleißig beobachten wird und wenn jeder seine Beobachtung auch veröffentlichen wird, wird er endlich zum allgemeinen bedeutsamen Nutzen beitragen''.

Aus historischen Quellen ist bekannt, daß man sich in Europa verstärkt schon seit Mitte des 16. Jahrhunderts und später dann vor allem in der 1. Hälfte des 17. Jahrhunderts für die Wetterkunde interessierte. Die Gründe für dieses verstärkte Interesse waren zum einen wirtschaftlicher Art, zum anderen lagen sie wahrscheinlich in den Besonderheiten des damaligen Klimas. Die 2. Hälfte des 16. und die 1. Hälfte des 17. Jahrhunderts waren offenbar eine Zeit großer Wetterstürze und verstärkter Sonnenaktivität. Chroniken und Aufzeichnungen aus jener Zeit berichten von Schwefelregen, Blutregen, von phantastischen Formen des Polarlichts. Es gab außeror-

Der Barock-Turm im Hof des Prager Klementinums. Hier werden bereits seit 1775 ohne Unterbrechung Lufttemperaturen gemessen und registriert.

Die historische Wetterhütte des Prager Klementinums, wo nach wie vor Temperaturmessungen vorgenommen werden.

dentlich grimmige Winter und unbarmherzige Hitzeperioden sowie Dürren mit Hungersnöten.

Einer, der sich Keplers Worte über die Wetterbeobachtung und ihre Aufzeichnungen wirklich zu Herzen genommen hatte, war der böhmische Astronom Josef Stepling. Er war Direktor der Sternwarte im Klementinum zu Prag und machte sich um die Einführung kontinuierlicher Wetterbeobachtungen verdient, die im Klementinum ab 1775 erfolgten. Außer der Temperatur wurden im Klementinum auch der Luftdruck und die Windstärke gemessen, man beobachtete die Bewölkung, Hydrometeore und andere meteorologische Erscheinungen. Heute erstreckt sich die Beobachtungsreihe im Klementinum schon über mehr als 200 Jahre und ist in ihrer Art die einzige in Mitteleuropa. Alle meteorologischen Aufzeichnungen sind sorgfältig deponiert, wurden vervielfältigt und in Form übersichtlicher Tabellen gedruckt herausgegeben. Dank diesen Aufzeichnungen konnten zeitgenössische Meteorologen den mehr als 200 Jahre umfassenden Zeitraum in einzelne Perioden aufteilen und so z. B. feststellen, daß das 20. Jahrhundert einer warmen Periode angehört. Je länger eine Beobachtungsreihe nämlich ist, desto genauer lassen sich Temperatur- und Niederschlagsnormale ermitteln und desto besser lassen sich die Gründe für langfristige Wetteranomalien suchen.

Handschriftliche Wetteraufzeichnungen aus dem Prager Klementinum von 1775

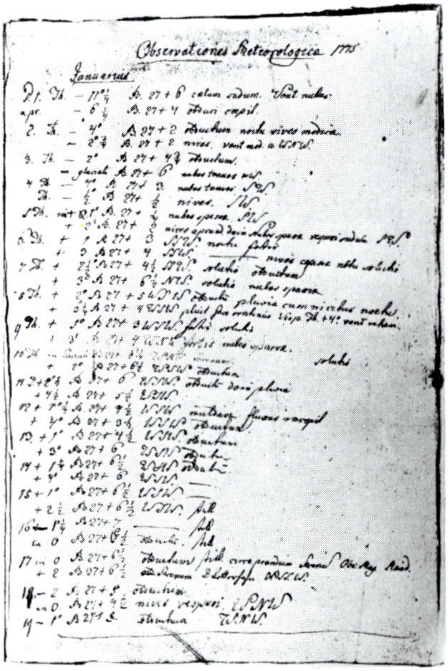
Observationes Meteorologicae 1775

Januarius

Die drahtlose Telegraphie

Die Interpretation langfristiger Beobachtungen einer Wetterwarte ist vom Standpunkt der Entwicklung des Klimas an einem Ort sehr interessant; zur Erklärung der gegenseitigen Zusammenhänge zwischen den atmosphärischen Prozessen und der Gründe für extreme Anomalien bei Temperaturen und Niederschlägen sind solche Beobachtungen jedoch unzureichend. Dazu muß man das Verhalten der Erdatmosphäre als Ganzes studieren. Heutzutage sind wir dazu fast in der Lage, aber der Weg dahin war lang und kompliziert.

Ein Segelschiff, dessen Besatzung in der 2. Hälfte des 18. Jahrhunderts die Anker lichten wollte, um etwa neue Seewege zu erkunden, mußte oft tagelang auf günstigen Wind warten. (Ein bekannter Seefahrer jener Zeit war zum Beispiel James Cook.) Ein Sturm auf offener See bedeutete wiederum für die Besatzung eine Gefahr. Zu Beginn des 19. Jahrhunderts waren die Umrisse der Kontinente und der meisten Inseln gut bekannt (mit Ausnahme der Polargebiete), und die Schiffsbesatzungen kannten wohl das Ziel ihrer Reise, aber ob sie es auch erreichten, war nicht nur von der Geschicklichkeit der Besatzung, sondern auch vom Glück und Zufall abhängig. Damals konnte noch niemand im voraus wissen, ob die Schiffsreise bei günstigem Wetter verlaufen würde oder ob gefährliche Elemente das Leben der Seefahrer bedrohen würden.

Durch die Erfindung des ersten elektrischen Telegraphen im Jahre 1809 trug der deutsche Forscher S.T. Sommering ungewollt zur Erkennung der Wettergesetzmäßigkeiten in größeren Gebieten bei. Einen in der Praxis verwendbaren elektromagnetischen Telegraphen konstruierte dann im Jahre 1837 S. F. B. Morse, der Autor des bekannten Morsealphabets. Die drahtlose Telegraphie ermöglichte es nicht nur Schiffsbesatzungen, die sich in Seenot befanden, Hilfe

Der Fernschreiber war noch unlängst das wichtigste Mittel zur Übermittlung von meteorologischen Daten. Heutzutage wird er in zunehmendem Maße von Computern abgelöst.

Ein Fernschreiber älterer Bauart (Exponat des Nationalen Technischen Museums in Prag)

herbeizurufen, sondern auch Informationen über die Verteilung von Gebieten mit günstigem oder aber gefährlichem und schlechtem Wetter rechtzeitig zu empfangen. 1899 gelang dem italienischen Physiker Guglielmo Marconi die erste drahtlose Telegraphieübertragung, und zwar über den Kanal.

Das Senden und Dechiffrieren von Wetternachrichten stellte an die Telegraphisten beträchtliche Anforderungen. Auch wenn viele durch unaufhörliche Übung zu wahren Meistern ihres Faches geworden waren, konnten viele Nachrichten über Wetterverschlechterungen und nahende Stürme nicht rechtzeitig an ihren Bestimmungsort gelangen. Eine schnellere Übermittlung der Wetternachrichten ermöglichte erst die Erfindung des Fernschreibers, d. h. einer Vorrichtung, mit der man auf elektromagnetischer Grundlage über Entfernungen hinweg „korrespondieren" kann. Bereits die ersten Fernschreiber ähnelten Schreibmaschinen. Ein Bediener tippte auf der Tastatur die chiffrierte meteorologische Nachricht ein, gleichzeitig erschien diese Nachricht auf einem Fernschreiber im Wetterbeobachtungszentrum, für welches sie bestimmt war. Sollte eine Nachricht an mehrere Interessenten gesandt werden, wurde parallel zum Text ein Lochband, in welchem der Text kodiert wurde, erzeugt. Mit Hilfe dieses Lochbandes konnte die Nachricht dann mittels eines speziellen Lochbandlesers am Fernschreiber nach Bedarf auch mehrmals abgesandt werden.

Außer Fernschreibern wurde und wird bis heute noch die direkte drahtlose Übertragung über Funk benutzt. Der Absender spricht die numerischen Daten direkt ins Mikrophon, auf der Empfangsseite werden diese Daten abgehört und aufgezeichnet. Manchmal werden die Nachrichten auch telefonisch übermittelt.

Die beschriebenen Fernschreibpapierrollen sowie die Formulare mit den über Funk oder Telefon empfangenen Nachrichten gelangen auf den Tisch geschickter Zeichnerinnen. Ihr Arbeitsgerät war eine spezielle Zwillingsfeder, die in ein spezielles Zwillingstintenfaß mit roter und schwarzer Tinte zu tauchen war. Die Zeichnerin neigte die Feder nach Bedarf und zeichnete so in die Wetterkarten die Angaben über Temperatur und Taupunkttemperatur sowie über fallenden Luftdruck rot ein, schwarz wurden die eigentlichen Luftdruckwerte, die Angaben über steigenden Luftdruck und die übrigen Wetterdaten eingetragen.

Die Wetterfernschreiber und die Doppelfedern sowie die zugehörigen Tintenfässer verschwinden jedoch aus den Wetterbeobachtungszentren, sie werden zunehmend durch die moderne elektronische Technik ersetzt; die Informationen werden heutzutage in die Wetterkarten automatisch eingezeichnet oder eingedruckt.

Das Zwillingstintenfaß mit roter und schwarzer Tinte sowie die meteorologische Zwillingsfeder zur Eintragung von Informationen in Wetterkarten

Der Hundertjährige Kalender

Wieso es zu Regen, Schnee, Abkühlung oder Erwärmung kommt, erklären die Meteorologen durch Bewegung von Druckgebilden und Frontensystemen. Ohne Zweifel ist die primäre Ursache für Druckänderungen in der Atmosphäre die Sonnenstrahlung, aber die Frage, warum und wann es zu Änderungen des Druckfeldes und zur Entstehung von Frontensystemen kommt, konnte bislang noch nicht befriedigend beantwortet werden. Zu Beginn des 17. Jahrhunderts wußte man von den Prozessen in der Atmosphäre aber noch viel weniger. Mit den Ursachen für die Entwicklung des Wetters befaßte sich der Abt des Zisterzienserklosters Langheim in Mainfranken, Moritz Knauer, der nebenbei Astrologie betrieb. Diese Ursachen real festzustellen war ihm unmöglich; so nahm er zur Astrologie Zuflucht. Er war davon überzeugt, daß das Wetter eines jeden Jahres von einem sogenannten Jahresregenten bestimmt wird; Jahresregent ist einer der Planeten Saturn, Jupiter, Mars, Venus oder Merkur, oder die Sonne oder der Mond. Jedem Regenten wurde ein bestimmter Wettercharakter zugeschrieben. Zum Aufstellen der Wetterprognose für ein Jahr reichte es demnach, den „Jahresregenten" zu kennen, und der Landwirt konnte abschätzen, wie die zukünftige Ernte ausfallen würde.

Um die Wirksamkeit der sieben „Regenten" nachzuweisen, schlug der Abt Knauer etwa 1650 einen Kalender vor, wo außer den astrologischen Angaben auch Berichte zum Verlauf des Wetters und der Feldarbeiten erscheinen sollten. Dieser Kalender wurde von 1652 bis 1658 geführt (er umfaßt also 7 Jahre). Es wurden Abschriften erstellt, die in ganz Deutschland kursierten. An seinem Lebensabend entschloß sich Knauer dazu, den Kalender gedruckt herauszubringen. In seinem Schlußwort bemerkt er ehrlicherweise, daß die Aufzeichnungen für Bamberg und Umgebung gelten; es handelte sich um Aufzeichnungen wirklichen Wetters, die den Glauben an die „Jahresregenten" bestärken sollten.

Eine Abschrift des Knauerschen Kalenders gelangte Ende des 17. Jahrhunderts in die Hände des geschäftstüchtigen Erfurter Arztes Christoph Hellwig (1663 — 1721), der als Steckenpferd Okkultismus betrieb. Er beschloß, den Kalender zu vermarkten. Um ihn attraktiver zu machen, brachte er an ihm einige Änderungen an. Darunter war auch ein schwerwiegender Eingriff: Die Knauerschen Aufzeichnungen über das vergangene Wetter in Bamberg deklarierte er kurzerhand zum zukünftigen Wetter. Mittels dieser Aufzeichnungen und den Charakteristiken, die den einzelnen Jahresregenten zugeordnet waren, wurde wahrscheinlich ein prophetischer Hundertjähriger Kalender für die Jahre 1701 bis 1800 aufgestellt; nach diesem Kalender sollte der Landwirt seine Wirtschaft rationell führen können. Der Kalender erfreute sich besonders beim einfachen Landvolk großer Beliebtheit; und selbst aufgeklärten Herrschern, wie zum Beispiel dem preußischen König Friedrich II., gelang es nicht, diesen offensichtlichen Betrug aus der Welt zu schaffen. Die einzige Bedeutung des Hundertjährigen Kalenders besteht lediglich darin, daß er neue historische Aufzeichnungen vom Wettergeschehen in der Vergangenheit darstellt. Er gehört aber keinesfalls in die Fachbibliothek eines Meteorologen.

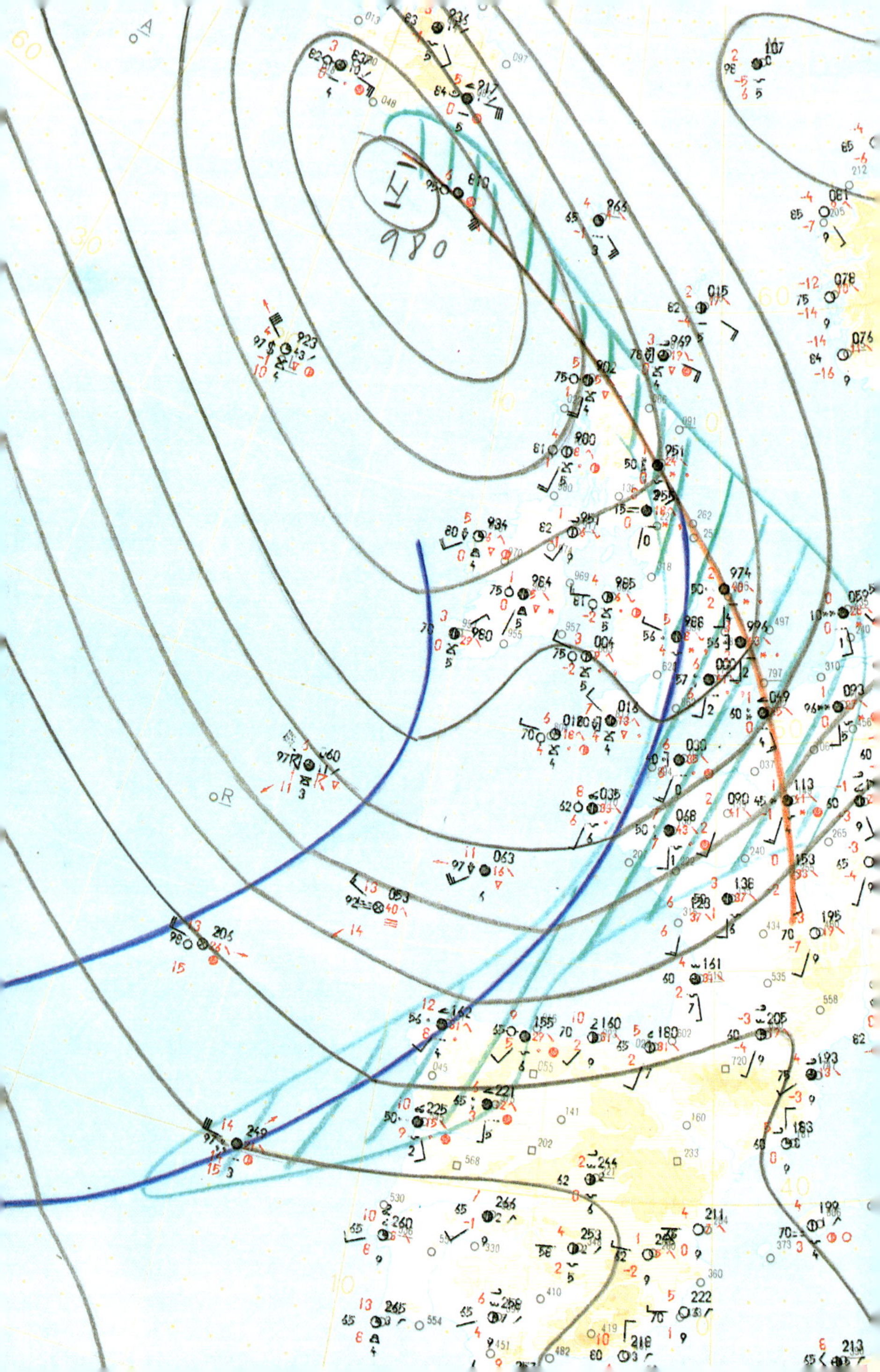
980

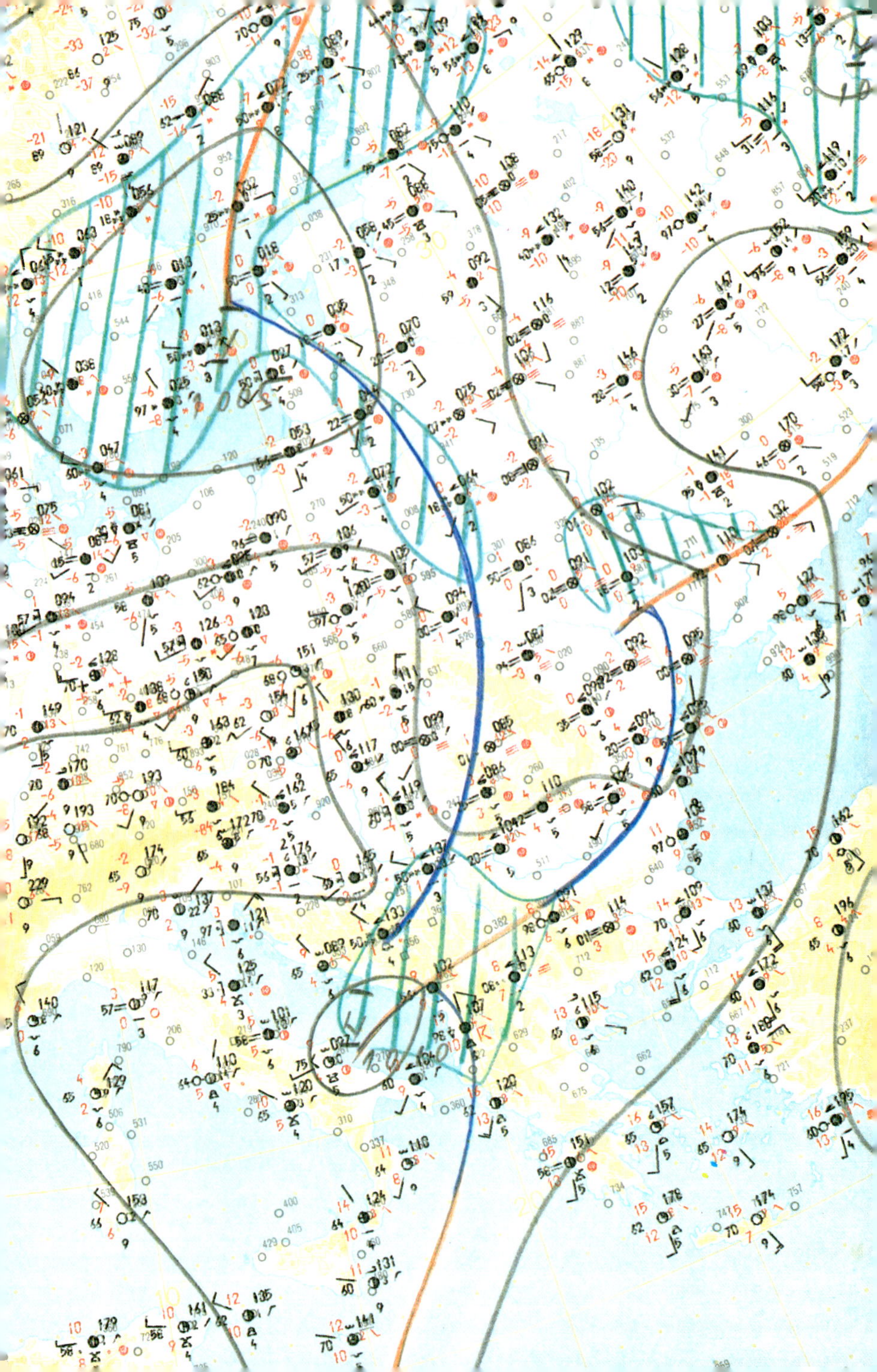

Wie die Prognose der Fachleute zu verstehen ist

Schon lange beschäftigten sich Meteorologen mit dem Gedanken, wie man die mathematischen Gleichungen, die die Bewegung und das Verhalten der Erdatmosphäre beschreiben, für die Errechnung des künftigen Druck- und Temperaturfeldes nutzen könnte. Selbst ganze Scharen von Mathematikern könnten diese anspruchsvollen Berechnungen in einer so kurzen Zeit nicht bewältigen, um sie für die Wettervorhersage nutzbar zu machen. Erst mit dem Aufkommen schneller Rechner wurde es möglich, die bislang theoretischen Überlegungen in die Praxis umzusetzen. Seitdem senden die Welt- und regiona-

24-Stunden-Vorhersage des Druckfeldes für das Niveau 500 hPa

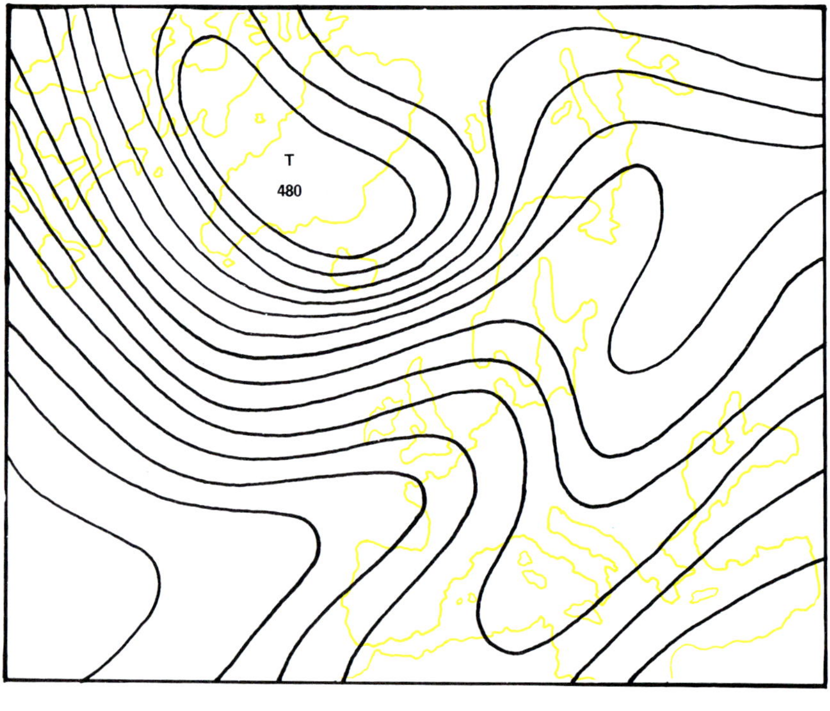

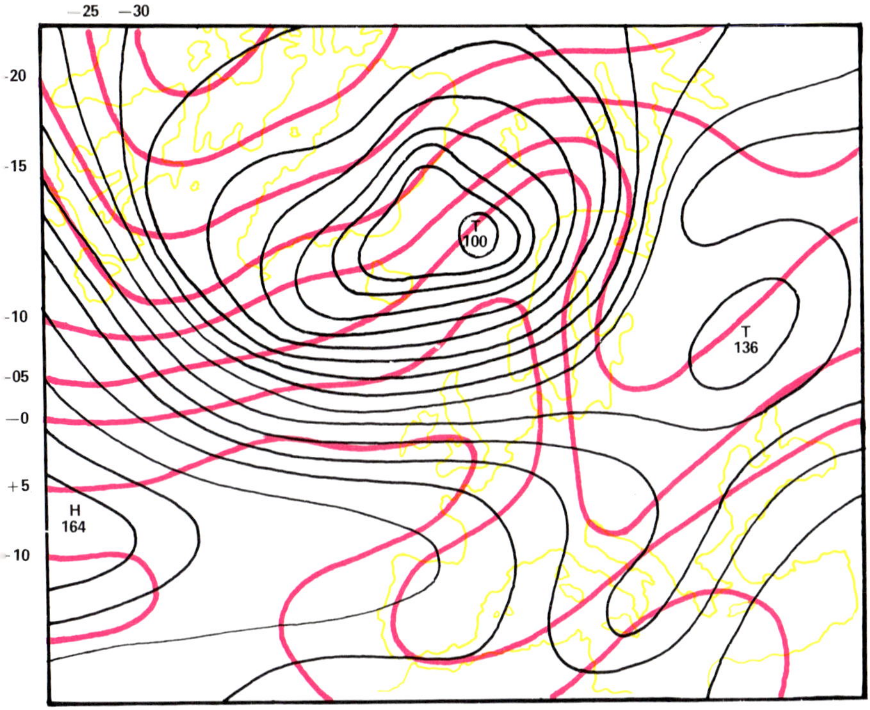

24-Stunden-Vorhersage des Druckfeldes für das Niveau 850 hPa

len Wetter-Fernmelde-Zentren täglich Vorhersagekarten für Luftdruck und Temperatur in die ganze Welt.

Die Grundlage für die Berechnungen bildet ein regelmäßiges Netz von Punkten, die das gesamte notwendige Gebiet der Erdoberfläche abdecken. Die zu erwartenden Luftdruckwerte für jeden Punkt dieses Netzes berechnet der Rechner auf der Grundlage von Daten, die von Wetterwarten zu Lande, zu Wasser oder von Aufstiegsstellen mit Hilfe von Radiosonden ermittelt worden sind. Aus den Werten für die einzelnen Netzpunkte werden durch Lösung entsprechender Gleichungen die Werte für die darauffolgende Stunde errechnet, aus diesen Werten wiederum für die nächste Stunde usw. Für die Kurzfristvorhersage werden diese Rechnungen bis zu 24 Stunden im voraus fortgetrieben, für die Mittelfristvorhersage bis zu 120 Stunden. Die gesamte Bearbeitungszeit vom Eingeben der Daten in den Rechner bis zur Ausgabe der zu erwartenden Druckwerte bzw. des zu erwartenden Temperaturfeldes beträgt ungefähr zwei Stunden.

Die Karte auf Seite 184 zeigt eine 24-Stunden-Vorhersage für das Druckfeld auf einem Niveau von 500 hPa. Der Meteorologe kann sich daraus ein Bild von der zukünftigen allgemeinen Zirkulation der Atmosphäre in einer Höhe von ungefähr 5 km über NN machen.

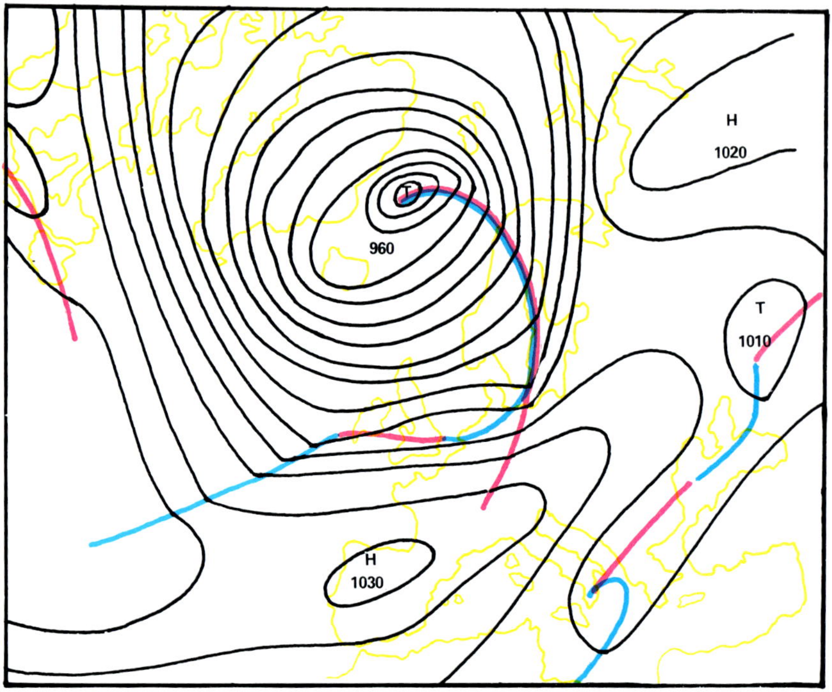

24-Stunden-Vorhersage des Bodendruckfeldes

Die Kurven auf der Karte sind die sogenannten Isohypsen, sie verbinden Orte gleicher Höhe auf dem einheitlichen Druckniveau von 500 hPa miteinander. Für die Vorhersage des Druckfeldes wird meistens dieses Niveau benutzt, da in der ihm entsprechenden Höhe die Reibung zwischen Luft und Erdoberfläche bereits unbedeutend ist. Die Karte vermittelt so ein unverzerrtes Bild von der zu erwartenden allgemeinen Leitzirkulation in der Atmosphäre. Nach der Höhenströmung, wie sie auf der Karte veranschaulicht ist, richtet sich auch die Bewegung der auf der Bodenwetterkarte dargestellten Frontensysteme. Je dichter die Isohypsen beieinander liegen, desto schneller strömt die Luft. Aus der Karte ist zu ersehen, daß über dem Atlantik eine sehr starke westliche Strömung vorherrschen wird. Mit ihr werden Frontalstörungen von der kanadischen Ostküste über den Atlantischen Ozean nach den Britischen Inseln geführt. Über Frankreich und Deutschland ist ein Hochdruckkeil und über Osteuropa eine Tiefdruckrinne zu erkennen. Auch inmitten des Atlantiks ist eine flache Tiefdruckrinne auszumachen.

Die Karte auf Seite 185 zeigt eine 24-Stunden-Prognose für das Druckfeld auf einem Niveau von 850 hPa. Aus dieser Vorhersagekarte gewinnt der Meteorologe eine Vorstellung von der zu erwartenden Entwicklung des Druckfeldes in einer Höhe von ungefähr 1500 m über NN. Die Isothermen (rote Linien) veranschaulichen, wie sich warme und kalte Luftmassen fortbewegen werden. Aus der Karte ist ersichtlich, daß von Kanada über den Atlantik nach den Britischen Inseln in großem Umfange kalte Luft strömen wird, während über Südengland und den Kanal ein Warmluftausläufer vordringen wird.

Die errechneten Druck- und Tempera-

120-Stunden-Vorhersage des Druckfeldes für das Niveau 500 hPa

turfelder reichen jedoch zur Erarbeitung einer Wetterprognose nicht aus. Um die künftige Lage der Frontensysteme genauer bestimmen zu können, muß der Meteorologe außer den Höhenwetterkarten noch die sogenannte historische Entwicklung, d. h. das bisherige Fortschreiten der Druckgebilde und Frontensysteme studieren. Ein wichtiges Hilfsmittel für die Erarbeitung der Bodenwetterkarte sind Hilfskarten der Drucktendenzen in 24 Stunden, wo signalisiert wird, in welchen Gebieten sich Tiefs bzw. Hochs bilden werden.

Die Zeichnung auf Seite 186 stellt eine Bodenwetterkarte dar: Hier wird davon ausgegangen, daß sich ein kräftiges Leittief westlich der norwegischen Küste jenseits des Polarkreises befindet. In der Leitströmung dieses Tiefs wird über Skandinavien eine Okklusionsfront nach Osten fortschreiten, auf deren Rückseite feuchte Meeresluft nach Skandinavien vordringen wird. Das Wetter in Mitteleuropa wird ein Ausläufer des Azorenhochs bestimmen. Am Nordrand dieses Hochdruckkeils wird eine Warmfront nach Osten fortschreiten, die vor allem das Wetter in Nordfrankreich und den Gebieten südlich der Ostsee bestimmen wird. Die eigentliche Wettervorhersage für die einzelnen Länder in Mitteleuropa wird von den für diese Gebiete erarbeiteten Wettercharakteristiken ausgehen.

Die Prognose für die Druck- und Temperaturfelder kann sowohl für die verschiedenen Gebiete der Erdoberfläche erarbeitet werden, oder aber auch — wenn wir zu einer globalen Vorstellung von der atmosphärischen Zirkulation gelangen wollen — für die gesamte Erdkugel.

Die Karte auf Seite 187 zeigt eine 120-Stunden-Prognose für das Druckfeld auf einem Niveau von 500 hPa. Die Tiefdruckrinne verlagert sich von Mitteleuropa über den europäischen Teil der UdSSR. Über Mitteleuropa wird eine ausgeprägte westliche, sogenannte zonale Strömung vorherrschen. Mit ihr werden vom Atlantischen Ozean in rascher Folge Frontalstörungen nach Europa geführt. Infolge des Zustroms maritimer Luft kann man in West- und Mitteleuropa ein relativ warmes, windiges Wetter mit zeitweiligen Niederschlägen, zumeist als Schnee, erwarten.

Die Vorhersagekarten sind also für die moderne Wetterprognostik ein wichtiges Hilfsmittel; es gehören hierzu beispielsweise auch die Vorhersagekarten für Niederschlagsgebiete einschließlich der Niederschlagsintensität (bzw. -menge). Für die Erstellung der Bodenwettervorhersagekarte sowie die Formulierung der eigentlichen Wettervorhersage ist auch die Erfahrung und Praxis des Meteorologen von unschätzbarer Bedeutung. Unsere Kenntnisse vom Verhalten der Atmosphäre wurden in der zweiten Hälfte des 20. Jahrhunderts dank Wettersatelliten, Computern und Radar wesentlich erweitert. Den Aufruf Keplers an die Gelehrten zu Anfang des 17. Jahrhunderts können wir heute in viel größerem Umfang verwirklichen, und die Zukunft wird uns bestimmt weitere neue Möglichkeiten eröffnen. An der Menschheit wird es liegen, jene zum allgemeinen Wohl zu nutzen.

Register